电力行业无人机技术系列丛书

电力行业无人机巡检标准作业方法

EPTC 无人机技术工作组
国网山东省电力公司　组编
中国电力科学研究院有限公司

邵瑰玮　纪鹏志　主编

中国水利水电出版社
www.waterpub.com.cn
·北京·

内 容 提 要

本书紧密结合输配电线路无人机巡检实际，全面系统地介绍了不同作业性质、塔型下标准化的无人机巡检作业方法，为电力行业无人机作业人员技能培训和现场巡检应用提供指引。本书共分为6章，主要内容为无人机巡检作业要求及工作流程、架空输电线路无人机精细化巡检作业方法、架空配电线路无人机精细化巡检作业方法、架空线路无人机通道巡检作业方法、架空输电线路无人机其他巡检作业方法、巡检资料归档。

本书可作为电力巡检领域专业人员岗位培训、各级职业技能鉴定、技能竞赛学习的指导和参考用书，也可作为广大无人机爱好者取证用书和院校相关专业师生阅读参考书。

图书在版编目（CIP）数据

电力行业无人机巡检标准作业方法 / 邵瑰玮，纪鹏志主编 ；EPTC无人机技术工作组，国网山东省电力公司，中国电力科学研究院有限公司组编. -- 北京 : 中国水利水电出版社，2021.5(2025.1重印).
ISBN 978-7-5170-9614-6

Ⅰ. ①电… Ⅱ. ①邵… ②纪… ③E… ④国… ⑤中… Ⅲ. ①无人驾驶飞机－应用－输电线路－巡回检测 Ⅳ. ①TM726

中国版本图书馆CIP数据核字(2021)第098033号

书　　名	电力行业无人机巡检标准作业方法 DIANLI HANGYE WURENJI XUNJIAN BIAOZHUN ZUOYE FANGFA
作　　者	EPTC无人机技术工作组 国网山东省电力公司　组编 中国电力科学研究院有限公司 邵瑰玮　纪鹏志　主编
出版发行	中国水利水电出版社 （北京市海淀区玉渊潭南路1号D座　100038） 网址：www.waterpub.com.cn E-mail：sales@mwr.gov.cn 电话：（010）68545888（营销中心）
经　　售	北京科水图书销售有限公司 电话：（010）68545874、63202643 全国各地新华书店和相关出版物销售网点
排　　版	中国水利水电出版社微机排版中心
印　　刷	天津嘉恒印务有限公司
规　　格	170mm×240mm　16开本　8.5印张　153千字
版　　次	2021年5月第1版　2025年1月第3次印刷
印　　数	4501—6500册
定　　价	**79.00**元

《电力行业职业能力培训教材》
教材审查委员会

本书编写组

组编单位： EPTC无人机技术工作组
国网山东省电力公司
中国电力科学研究院有限公司

主编单位： 国网山东省电力公司济宁供电公司
中能国研（北京）电力科学研究院

成员单位： 国网智能科技股份有限公司
国网湖北省电力有限公司技术培训中心
内蒙古电力（集团）有限责任公司航检分公司
南方电网广东电网机巡管理中心
国网上海市电力公司检修公司
国网浙江省电力有限公司检修分公司
国网湖南省电力有限公司检修公司
国网青海省电力公司检修公司
国网重庆市电力公司永川供电分公司
南方电网深圳供电局有限公司
国网河南省电力公司技能培训中心
贵州电网有限责任公司输电运行检修分公司
国网湖南省电力有限公司输电检修分公司
国网冀北电力有限公司技能培训中心
国网江苏省电力有限公司泰州供电分公司
国网天津市电力公司检修公司
南方电网科学研究院有限责任公司

云南电网有限责任公司
广东电网有限责任公司广州供电局
国网冀北电力有限公司检修分公司
北京数字绿土科技有限公司

本书编写人员名单

主　　编：邵瑰玮　纪鹏志

副 主 编：魏飞翔　王　丛　蔡焕青

编写人员：付　晶　周　杰　黄海鹏　张　毅　丁　建
何　冰　侯　飞　李　游　张　韧　张　刚
郝　宁　陈凤翔　南杰胤　蔡澍雨　徐光彩
杨利波　刘云勋　姚隽雯　周立玮　谈家英
郭昕阳　邓承会　刘　俍　魏传虎　李　曼
杨　鹏　亓孝武　刘书辉　赵勤学

审定人员：赵云龙　吴　烜　张贵峰

序

为进一步推动电力行业职业技能等级评价体系建设，促进电力从业人员职业能力的提升，中国电力企业联合会技能鉴定与教育培训中心、中电联人才测评中心有限公司在发布专业技术技能人员职业等级评价规范的基础上，组织行业专家编写《电力行业职业能力培训教材》（简称《教材》），满足电力教育培训的实际需求。

《教材》的出版是一项系统工程，涵盖电力行业多个专业，对开展技术技能培训和评价工作起着重要的指导作用。《教材》以各专业职业技能等级评价规范规定的内容为依据，以实际操作技能为主线，按照能力等级要求，汇集了运维管理人员实际工作中具有代表性和典型性的理论知识与实操技能，构成了各专业的培训与评价的知识点，《教材》的深度、广度力求涵盖技能等级评价所要求的内容。

本套培训教材是规范电力行业职业培训、完善技能等级评价方面的探索和尝试，凝聚了全行业专家的经验和智慧，具有实用性、针对性、可操作性等特点，旨在开启技能等级评价规范配套教材的新篇章，实现全行业教育培训资源的共建共享。

当前社会，科学技术飞速发展，本套培训教材虽然经过认真编写、校订和审核，仍然难免有疏漏和不足之处，需要不断地补充、修订和完善。欢迎使用本套培训教材的读者提出宝贵意见和建议。

中国电力企业联合会技能鉴定与教育培训中心

2020年1月

前言

近年来，随着智能巡检技术不断发展，电力无人机巡检技术在电网运维工作中得到广泛应用，已经成为电网设备运行和维护的重要手段。技术的发展，对相关从业人员提出了更高的要求，如何培养“能飞会巡”的复合型人才是摆在电网企业和培训机构面前的重要课题。为了加快电力行业无人机巡检专项技能人才培养，EPTC电力无人机工作组在广泛调研的基础上，规划了“电力行业无人机巡检技术系列教材”，旨在为专业技能人才培养提供教学参考。

《电力行业无人机巡检标准作业方法》作为电力行业无人机巡检技术系列丛书之一，详细阐述了无人机巡检常见作业类型的标准化作业方法，旨在打破目前全国电力行业无人机巡检没有系统性作业方法的现状，为地方电力公司巡检作业人员和管理人员提供规范和指导。

本书在编写的过程中，得到了国家电网有限公司、中国南方电网有限责任公司、内蒙古电力（集团）有限责任公司等单位领导和专家的大力支持。同时，也参考了一些业内专家、学者的著作，在此一并表示衷心的感谢。由于编写时间紧，书中难免有不足之处，敬请广大读者给予指正。

作 者

2021年3月

目　录

序

前言

第一章　无人机巡检作业要求及工作流程 …… 1

第一节　人员要求 …… 1

第二节　安全要求 …… 2

第三节　作业流程 …… 2

第二章　架空输电线路无人机精细化巡检作业方法 …… 6

第一节　作业前准备 …… 6

第二节　巡检对象及要求 …… 7

第三节　典型杆塔巡检作业方法 …… 10

第三章　架空配电线路无人机精细化巡检作业方法 …… 67

第一节　作业前准备 …… 67

第二节　巡检对象及要求 …… 68

第三节　典型杆塔巡检作业方法 …… 70

第四章　架空线路无人机通道巡检作业方法 …… 80

第一节　架空线路无人机通道巡检作业前准备 …… 80

第二节　通道巡检航线规划流程及注意事项 …… 82

第三节　架空线路无人机通道巡检内容 …… 84

第五章　架空输电线路无人机其他巡检作业方法 …… 94

第一节　红外检测 …… 94

第二节　激光雷达检测 …… 102

第六章　巡检资料归档 …… 114

第一节　巡检资料组成 …… 114

第二节　巡检数据分析 …… 115

第三节　巡检报告要求 …… 120

第一章
无人机巡检作业要求及工作流程

随着无人机在电力巡检工作中的应用，电力行业无人机巡检安全管理和作业规范问题日益凸显。为保障作业的安全性和规范性，本章将从人员要求、安全要求、作业流程等方面提出通用性标准化作业要求。

第一节 人 员 要 求

一、作业人员的基本条件

（1）经医师鉴定，无妨碍工作的病症（体格检查每两年至少一次）。

（2）具备必要的电气、机械、气象、航线规划等巡检飞行知识和相关业务技能，熟悉无人机巡检作业安全工作规程，并经考试合格。

（3）具备必要的安全生产知识，学会紧急救护法。

（4）具备无人机巡检作业资质，取得中国电力企业联合会颁发的电力行业无人机巡检作业人员能力评价证书。

二、人员配置

开展无人机巡检作业应根据作业类型及使用的机型合理配置作业人员。根据中国民用航空局飞行标准司发布的《轻小无人机运行规定（试行）》（AC-91-FS-2015-31）（简称《运行规定》）对无人机的定义和分类，电力巡检用无人机主要为Ⅱ类无人机（空机重量介于0.25～4kg之间、起飞全重介于1.5～7kg之间）和Ⅲ类无人机（空机重量介于4～15kg之间、起飞全重介于7～25kg之间）。本书仅对采用Ⅱ类、Ⅲ类无人机开展电力巡检工作的人员配置要求进行说明。

使用Ⅱ类无人机进行的架空输电线路巡检作业，作业人员包括工作班负责人和工作班成员，分别担任程控手和操控手，工作班负责人可兼任程控手或操

控手，但不得同时兼任。必要时也可增设一名专职工作负责人，此时工作班成员至少包括程控手和操控手。

使用Ⅲ类无人机进行的架空输电线路巡检作业，作业人员包括工作班负责人和工作班成员。工作班成员至少包括程控手、操控手和任务手。

第二节　安　全　要　求

（1）作业前应办理空域申请手续，空域审批后方可作业，并密切跟踪当地空域变化情况。

（2）作业前应掌握巡检设备的型号和参数、杆塔坐标及高度、巡检线路周围地形地貌和周边交叉跨越情况，起降场地应满足相应机型安全起降要求。

（3）作业前应检查无人机各部件是否正常，包括无人机本体、遥控器、云台相机、存储卡和电池电量等。

（4）作业前应确认天气情况，雾、雪、大雨、冰雹、风力大于10m/s或超出无人机设计抗风能力范围等情况禁止作业。

（5）保证现场安全措施齐全，禁止行人和其他无关人员在无人机巡检现场逗留，时刻注意保持与无关人员的安全距离。避免将起降场地设在巡检线路下方、交通繁忙道路及人口密集区附近。

（6）作业前应规划应急航线，包括航线转移策略、安全返回路径和应急迫降点等。

（7）无人机巡检时应与架空输电线路保持足够的安全距离。

第三节　作　业　流　程

架空线路无人机巡检作业流程如图1-1所示。

一、作业前准备

1. 设备准备

根据巡检任务选择合适的机型、任务设备及相关保障设备。

2. 资料准备

（1）根据巡检任务需求，收集所需巡检线路的地理位置分布图，熟悉线路走向、地形地貌以及机场重要设施等情况。

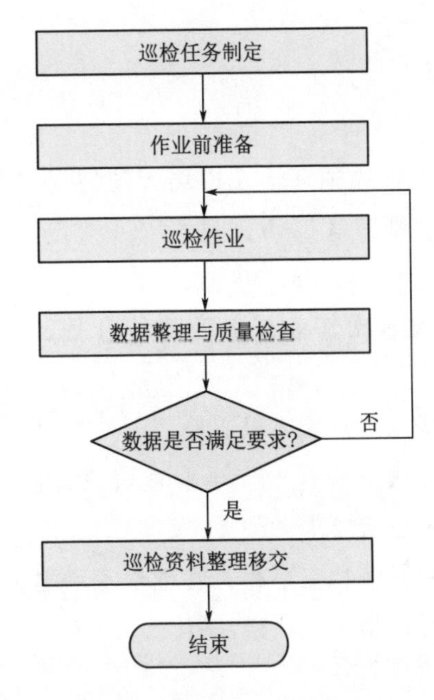

图1-1　无人机巡检作业流程图

（2）采用固定翼无人机开展巡检作业还需收集线路的杆塔明细表、经纬度坐标、交叉跨越及架设方式等信息。

（3）查询巡检线路所在地区的天气情况，提前做好飞行准备。

（4）资料准备由现场负责人负责，必要时组织巡检作业组人员共同开展。

3. 现场勘察

（1）巡检作业前，应现场勘察起降场地，条件允许时对线路进行实地信息核实。

（2）选定无人机起降场地，起降场地应满足以下条件：

1）起降场地平坦坚硬，无浮土等影响无人机起降的物体，采用固定翼无人机时起降场地长度不低于飞机说明书中的起降距离，四周无高大障碍物。

2）远离信号干扰源。

（3）现场勘察至少由无人机操作员和现场负责人参与完成。

4. 作业申请

（1）根据无人机巡检作业计划及准备好的架空线路地理位置分布图、杆塔明细表、经纬度坐标等资料，制定飞行计划。

（2）按照民航和空军相关管理规定，提前一天向当地航管部门报送飞行计划。

二、巡检作业

1. 起飞前准备

(1) 无人机操作员观察周围环境及现场天气情况（雨水、风速、雾霾等），依据《一般运行和飞行规则》(CCAR－91－R2) 规定，判断是否达到安全飞行要求。

(2) 现场负责人核实本次作业任务及飞行计划，地面站操作员导入飞行航迹。

(3) 在选定的起降场地展开无人机巡检。

(4) 现场负责人按照无人机作业安全检查表或者各机型的适航检查单对无人机进行检查，确认达到适航要求。

(5) 现场负责人按照民航和空军相关管理规定，起飞前（一般为1小时内）向当地航管部门报送飞行计划，并获得许可。

2. 起飞作业

(1) 现场负责人确认现场人员撤离至安全范围后方可启动无人机，并检查无人机系统工作状态。

(2) 现场负责人确认无人机系统状态正常后，下达起飞命令，无人机操作员操作无人机起飞。

3. 作业过程

(1) 根据工作任务开展巡检作业。

(2) 巡检作业全过程中，操作员密切注意无人机状态数据，若发生异常，应及时向现场负责人汇报并根据具体情况采取相应应急措施。

4. 作业结束回航

(1) 无人机完成预定任务返航时，现场负责人及时通知其他岗位人员，做好降落前的准备工作。

(2) 无人机降落后，获取飞行数据，断开飞行器电源，记录降落时间和飞行总时长等。

5. 作业完毕

(1) 回收设备，检查无人机及机载设备是否正常完好。

(2) 操作员从巡检设备中导出原始资料并进行初步检查，若数据不满足任务要求，现场负责人根据实际情况决定是否复飞。

(3) 设备关机，填写相应无人机现场作业记录表。

三、巡检数据整理移交

（1）对巡检数据进行整理分析，确定是否存在缺陷（隐患）。

（2）按照各单位要求移交巡检数据。

第二章 架空输电线路无人机精细化巡检作业方法

架空输电线路无人机精细化巡检是指利用无人机对输电线路杆塔、通道及其附属设施进行全方位高效率巡视，可以发现螺栓、销钉等这些无法通过人工地面巡视发现缺陷的巡视作业。目前架空输电线路无人机精细化巡检主要采用多旋翼无人机搭载可见光相机的方式对输电线路杆塔、导地线、绝缘子串、金具、通道环境、基础、接地装置、附属设施八大单元进行检查。

第一节 作业前准备

一、准备工作安排

应根据工作安排合理开展作业准备工作，准备工作安排见表2-1。

表2-1 准备工作安排

序号	内容	要求
1	提前现场勘察，查阅有关资料，编制作业指导书并组织学习	1. 明确线路双重称号、识别标记、塔（杆）号，了解现场周围环境、地形状况； 2. 分析存在的危险点并制定控制措施，确定作业方案，组织全员学习
2	填写工作票并履行审批、签发手续	安全措施符合现场实际
3	提前准备好作业所需工器具及仪器仪表	检查无人机及相关设备，确保无人机处于适航状态

二、作业组织

明确人员类别、人员职责和作业人数，作业组织见表2-2。

表 2－2　作业组织

序号	人员类别	职　　责	作业人数
1	工作负责人（监护人）	负责工作组织、监护，并在作业过程中时刻观察无人机及操作手状态	1人
2	无人机操作手	负责遥控无人机开展精益化巡检作业	1人

三、工器具与仪器仪表

工器具与仪器仪表应包括无人机、任务设备、仪器仪表等，工器具与仪器仪表见表 2－3。

表 2－3　工器具与仪器仪表

序号	名　称	单位	数量	备　　注
1	无人机	架	1	根据工作任务选择合适的机型
2	任务设备（可见光相机）	个	1	
3	电池	组	≥2	根据工作量合理配备电池数量，并留有裕度
4	防爆箱	个	1	
5	风速仪	个	1	
6	望远镜	个	1	

第二节　巡检对象及要求

一、巡检对象

多旋翼无人机精细化巡视是指利用多旋翼无人机对输电线路杆塔、通道及其附属设施进行全方位高效率巡视，可以发现螺栓、销钉等这些无法通过人工地面巡视发现缺陷的巡视作业。巡检主要针对输电线路杆塔、导地线、绝缘子串、金具、通道环境、基础、接地装置、附属设施八大单元进行检查。主要检查内容为：导地线（光缆）、绝缘子、金具、杆塔、基础、附属设施、通道走廊等外部可见异常情况和缺陷。输电线路无人机精细化巡检内容见表 2－4。

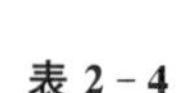
表 2-4 输电线路无人机精细化巡检内容

分类	巡检对象	巡 检 内 容
线路本体	导、地线	散股、断股、损伤、断线、放电烧伤、悬挂漂浮物、弧垂过大或过小、严重锈蚀、有电晕现象、导线缠绕（混线）、覆冰、舞动、风偏过大、对交叉跨越物距离不足等
	杆塔	杆塔倾斜、塔材弯曲、地线支架变形、塔材丢失、螺栓丢失、严重锈蚀、脚钉缺失、爬梯变形、土埋塔脚等
	金具	线夹断裂、裂纹、磨损、销钉脱落或严重锈蚀；均压环、屏蔽环烧伤、螺栓松动；防振锤跑位、脱落、严重锈蚀、阻尼线变形、烧伤；间隔棒松脱、变形或离位；各种连板、连接环、调整板损伤、裂纹等
	绝缘子	绝缘子自爆、伞裙破损、严重污秽、有放电痕迹、弹簧销缺损、钢帽裂纹、断裂、钢脚严重锈蚀或蚀损等
	其他	设备损坏情况
	光缆	损坏、断裂、驰度变化等
附属设施	防鸟、防雷等装置	破损、变形、松脱等
	各种监测装置	缺失、损坏等

二、巡检要求

多旋翼无人机作业应尽可能实现对杆塔设备、附属设施的全覆盖，根据机型特点、巡检塔型应遵照相应的标准化作业流程开展作业，针对巡检导地线、绝缘子串、销钉、均压环、防振锤等重要设备如果发现缺陷故障点时，应从俯视、仰视、平视等多个角度顺线路方向、垂直线路方向以及距离设备 5m 处进行航拍。多旋翼无人机巡检拍摄内容应包含塔全貌、塔头、塔身、杆号牌、绝缘子、各挂点、金具、通道等，输电线路无人机精细化拍摄内容见表 2-5。

表 2-5 输电线路无人机精细化拍摄内容

拍摄部位		拍摄重点
直线塔	塔概况	塔全貌、塔头、塔身、杆号牌、塔基
	绝缘子串	绝缘子
	悬垂绝缘子横担端	绝缘子碗头销、保护金具、铁塔挂点金具
	悬垂绝缘子导线端	导线线夹、各挂扳、联板等金具
		碗头挂板销
	地线悬垂金具	地线线夹、接地引下钱连接金具、挂板
	通道	小号侧通道、大号侧通道

续表

拍摄部位		拍摄重点
耐张塔	塔概况	塔全貌、塔头、塔身、杆号牌、塔基
	耐张绝缘子横担端	调整板、挂板等金具
	耐张绝缘子导线端	导线耐张线夹、各挂板、联板、防振锤等金具
	耐张绝缘子串	每片绝缘子表面及连接情况
	地线耐张（直线金具）金具	地线耐张线夹、接地引下钱连接金具、防振锤、挂板
	引流线绝缘子横担端	绝缘子碗头销、铁塔挂点金具
	引流绝缘子导线端	碗头挂板销、引流线夹、联板、重锤等金具
	引流线	引流线、引流线绝缘子、间隔棒
	通道	小号侧通道、大号侧通道

1. 总体原则

多旋翼无人机巡检路径规划的建议是：面向大号侧先左后右，从下至上（对侧从上至下），先小号侧后大号侧。有条件的单位，应根据输电设备结构选择合适的拍摄位置，并固化作业点，建立标准化航线库。航线库应包括线路名称、杆塔号、杆塔类型、布线型式、杆塔地理坐标、作业点成像参数等信息。

2. 直线塔建议拍摄原则

（1）单回直线塔：面向大号侧先拍左相，再拍中相，后拍右相。

（2）双回直线塔：面向大号侧先拍左回，后拍右回；先拍下相，再拍中相，后拍上相（对侧先拍上相，再拍中相，后拍下相，∩形顺序拍摄）。

3. 耐张塔建议拍摄原则

（1）单回耐张塔。面向大号侧先拍左相，再拍中相，后拍右相；先拍小号侧，再拍跳线串，后拍大号侧。小号侧先拍导线端，后拍横担端；跳线串先拍横担端，后拍导线端；大号侧先拍横担端，后拍导线端。

（2）双回耐张塔。面向大号侧先拍左回，后拍右回；先拍下相，再拍中相，后拍上相（对侧先拍上相，再拍中相，后拍下相，∩形顺序拍摄）；先拍小号侧，再拍跳线，后拍大号侧；小号侧先拍导线端，后拍横担端；跳线串先拍横担端，后拍导线端；大号侧先拍横担端，后拍导线端。

第三节　典型杆塔巡检作业方法

一、交流线路单回直线酒杯塔

交流线路单回直线酒杯塔无人机巡检路径如图 2-1 所示，交流线路单回直线酒杯塔无人机巡检拍摄规则见表 2-6。

图 2-1　交流线路单回直线酒杯塔无人机巡检路径图

表 2-6　　交流线路单回直线酒杯塔无人机巡检拍摄规则

拍摄部位编号	悬停位置	拍摄部位	示　例	拍摄方法
1	A	全塔		拍摄角度：俯视； 拍摄要求：杆塔全貌，能够清晰分辨全塔和杆塔角度，主体占比不低于全幅 80%
2	B	塔头		拍摄角度：俯视； 拍摄要求：能够完整拍摄杆塔塔头

续表

拍摄部位编号	悬停位置	拍摄部位	示　例	拍摄方法
3	C	塔身		拍摄角度：平视/俯视； 拍摄要求：能够看到除塔头、基础外的其他结构全貌
4	D	杆号牌		拍摄角度：平视/俯视； 拍摄要求：能够清晰分辨杆号牌上线路双重名称
5	E	基础		拍摄角度：俯视； 拍摄要求：能够看清塔基附近地面情况，判断拉线是否连接牢靠
6	F	左相绝缘子导线端挂点		拍摄角度：平视/俯视； 拍摄要求：能够清晰分辨螺栓、螺母、锁紧销等小尺寸金具及防振锤。设备相互遮挡时，采取多角度拍摄。每张照片至少包含一片绝缘子
7	F	左相绝缘子串		拍摄角度：平视； 拍摄要求：需覆盖绝缘子整串，可拍多张照片，最终能够清晰分辨绝缘子表面损痕和每片绝缘子连接情况

续表

拍摄部位编号	悬停位置	拍摄部位	示　例	拍摄方法
8	F	左相绝缘子横担端挂点		拍摄角度：平视/俯视； 拍摄要求：能够清晰分辨螺栓、螺母、锁紧销等小尺寸金具。设备相互遮挡时，采取多角度拍摄。每张照片至少包含一片绝缘子
9	G	左地线		拍摄角度：平视/俯视/仰视； 拍摄要求：能够判断各类金具的组合安装状态，与地线接触位置铝包带安装状态，清晰分辨锁紧位置的螺母销级物件。设备相互遮挡时，采取多角度拍摄
10	H	中相绝缘子横担端挂点		拍摄角度：平视/俯视； 拍摄要求：能够清晰分辨螺栓、螺母、锁紧销等小尺寸金具。设备相互遮挡时，采取多角度拍摄。每张照片至少包含一片绝缘子
11	H	中相绝缘子串		拍摄角度：平视； 拍摄要求：需覆盖绝缘子整串，可拍多张照片，最终能够清晰分辨绝缘子表面损痕和每片绝缘子连接情况
12	H	中相绝缘子导线端挂点		拍摄角度：平视/俯视； 拍摄要求：能够清晰分辨螺栓、螺母、锁紧销等小尺寸金具及防振锤。设备相互遮挡时，采取多角度拍摄。每张照片至少包含一片绝缘子

续表

拍摄部位编号	悬停位置	拍摄部位	示　　例	拍摄方法
13	I	右地线		拍摄角度：平视/俯视/仰视； 拍摄要求：能够判断各类金具的组合安装状态，与地线接触位置铝包带安装状态，清晰分辨锁紧位置的螺母销级物件。设备相互遮挡时，采取多角度拍摄
14	J	右相绝缘子横担端挂点		拍摄角度：俯视； 拍摄要求：需覆盖绝缘子整串，可拍多张照片，最终能够清晰分辨绝缘子表面损痕和每片绝缘子连接情况
15	J	右相绝缘子串		拍摄角度：平视/俯视； 拍摄要求：能够清晰分辨螺栓、螺母、锁紧销等小尺寸金具及防振锤。金具相互遮挡时，采取多角度拍摄
16	J	右相绝缘子导线端挂点		拍摄角度：平视/俯视； 拍摄要求：能够清晰分辨螺栓、螺母、锁紧销等小尺寸金具及防振锤。金具相互遮挡时，采取多角度拍摄
17	K	小号侧通道		拍摄角度：平视/俯视； 拍摄要求：能够清晰完整地看到杆塔的通道情况，如树木、交叉、跨越情况

续表

拍摄部位编号	悬停位置	拍摄部位	示　　例	拍摄方法
18	K	大号侧通道		拍摄角度：平视/俯视； 拍摄要求：能够清晰完整地看到杆塔的通道情况，如树木、交叉、跨越情况

二、交流线路单回直线猫头塔

交流线路单回直线猫头塔无人机巡检路径规划如图 2-2 所示，交流线路单回直线猫头塔无人机巡检拍摄规则见表 2-7。

图 2-2　交流线路单回直线猫头塔无人机巡检路径规划图

三、交流线路双回直线塔

交流线路双回直线塔无人机巡检路径规划如图 2-3 所示，交流线路双回直线塔无人机巡检拍摄规则见表 2-8。

表 2-7　　交流线路单回直线猫头塔无人机巡检拍摄规则

拍摄部位编号	悬停位置	拍摄部位	示　例	拍摄方法
1	A	全塔		拍摄角度：平视/俯视； 拍摄要求：杆塔全貌，能够清晰分辨全塔和杆塔角度，主体占比不低于全幅80%
2	B	塔头		拍摄角度：平视/俯视； 拍摄要求：能够完整拍摄杆塔塔头
3	C	塔身		拍摄角度：平视/俯视； 拍摄要求：能够看到除塔头、基础外的其他结构全貌
4	D	杆号牌		拍摄角度：平视/俯视； 拍摄要求：能够清晰分辨杆号牌上线路双重名称
5	E	基础		拍摄角度：俯视； 拍摄要求：能够清晰看到基础附近地面情况

续表

拍摄部位编号	悬停位置	拍摄部位	示　　例	拍摄方法
6	F	左相绝缘子导线端挂点		拍摄角度：平视/俯视； 拍摄要求：能够清晰分辨螺栓、螺母、锁紧销等小尺寸金具及防振锤。金具相互遮挡时，采取多角度拍摄
7	F	左相绝缘子串		拍摄角度：俯视； 拍摄要求：需覆盖绝缘子整串，可拍多张照片，最终能够清晰分辨绝缘子表面损痕和每片绝缘子连接情况
8	F	左相绝缘子横担端挂点		拍摄角度：平视/俯视； 拍摄要求：能够清晰分辨螺栓、螺母、锁紧销等小尺寸金具及防振锤。金具相互遮挡时，采取多角度拍摄
9	G	左地线挂点		拍摄角度：平视/俯视； 拍摄要求：能够清晰分辨金具的组合安装状况，与地线接触位置铝包带安装状态。设备相互遮挡时，采取多角度拍摄
10	H	中相绝缘子横担端挂点		拍摄角度：平视/俯视； 拍摄要求：能够清晰分辨螺栓、螺母、锁紧销等小尺寸金具及防振锤。金具相互遮挡时，采取多角度拍摄

续表

拍摄部位编号	悬停位置	拍摄部位	示　例	拍摄方法
11	H	中相绝缘子串		拍摄角度：俯视； 拍摄要求：需覆盖绝缘子整串，可拍多张照片，最终能够清晰分辨绝缘子表面损痕和每片绝缘子连接情况
12	H	中相绝缘子导线端挂点		拍摄角度：平视/俯视； 拍摄要求：能够清晰分辨螺栓、螺母、锁紧销等小尺寸金具及防振锤。金具相互遮挡时，采取多角度拍摄
13	I	右地线挂点		拍摄角度：平视/俯视； 拍摄要求：能够清晰分辨金具的组合安装状况，与地线接触位置铝包带安装状态。设备相互遮挡时，采取多角度拍摄
14	J	右相绝缘子横担端挂点		拍摄角度：平视/俯视； 拍摄要求：能够清晰分辨螺栓、螺母、锁紧销等小尺寸金具及防振锤。金具相互遮挡时，采取多角度拍摄
15	J	右相绝缘子串		拍摄角度：俯视； 拍摄要求：需覆盖绝缘子整串，可拍多张照片，最终能够清晰分辨绝缘子表面损痕和每片绝缘子连接情况

续表

拍摄部位编号	悬停位置	拍摄部位	示　例	拍摄方法
16	J	右相绝缘子导线端挂点		拍摄角度：平视/俯视； 拍摄要求：能够清晰分辨螺栓、螺母、锁紧销等小尺寸金具及防振锤。金具相互遮挡时，采取多角度拍摄
17	K	小号侧通道		拍摄角度：平视； 拍摄要求：能够清晰完整看到杆塔的通道情况，如建筑物、树木、交叉、跨越的线路等
18	K	大号侧通道		拍摄角度：平视； 拍摄要求：能够清晰完整看到杆塔的通道情况，如建筑物、树木、交叉、跨越的线路等

图 2-3　交流线路双回直线塔无人机巡检路径规划图

表 2-8　　　　交流线路双回直线塔无人机巡检拍摄规则

拍摄部位编号	悬停位置	拍摄部位	示　例	拍摄方法
1	A	全塔		拍摄角度：俯视； 拍摄要求：杆塔全貌，能够清晰分辨全塔和杆塔角度，主体占比不低于全幅80%
2	B	塔头		拍摄角度：俯视； 拍摄要求：能够完整拍摄杆塔塔头
3	C	塔身		拍摄角度：平视/俯视； 拍摄要求：能够看到除塔头、基础外的其他结构全貌
4	D	杆号牌		拍摄角度：平视/俯视； 拍摄要求：能够清晰分辨杆号牌上线路双重名称
5	E	基础		拍摄角度：俯视； 拍摄要求：能够清晰看到基础附近地面情况

续表

拍摄部位编号	悬停位置	拍摄部位	示　例	拍摄方法
6	F	左回下相绝缘子导线端挂点		拍摄角度：平视/俯视； 拍摄要求：能够清晰分辨螺栓、螺母、锁紧销等小尺寸金具及防振锤。设备相互遮挡时，采取多角度拍摄
7	F	左回下相绝缘子串		拍摄角度：平视； 拍摄要求：需覆盖绝缘子整串，可拍多张照片，最终能够清晰分辨绝缘子表面损痕和每片绝缘子连接情况
8	F	左回下相绝缘子横担端挂点		拍摄角度：平视/俯视； 拍摄要求：能够清晰分辨螺栓、螺母、锁紧销等小尺寸金具及防振锤。设备相互遮挡时，采取多角度拍摄
9	G	左回中相绝缘子导线端挂点		拍摄角度：平视/俯视； 拍摄要求：能够清晰分辨螺栓、螺母、锁紧销等小尺寸金具及防振锤。设备相互遮挡时，采取多角度拍摄
10	G	左回中相绝缘子串		拍摄角度：平视； 拍摄要求：需覆盖绝缘子整串，可拍多张照片，最终能够清晰分辨绝缘子表面损痕和每片绝缘子连接情况

续表

拍摄部位编号	悬停位置	拍摄部位	示　　例	拍摄方法
11	G	左回中相绝缘子横担端挂点		拍摄角度：平视/俯视； 拍摄要求：能够清晰分辨螺栓、螺母、锁紧销等小尺寸金具及防振锤。设备相互遮挡时，采取多角度拍摄
12	H	左回上相绝缘子导线端挂点		拍摄角度：平视/俯视； 拍摄要求：能够清晰分辨螺栓、螺母、锁紧销等小尺寸金具及防振锤。设备相互遮挡时，采取多角度拍摄
13	H	左回上相绝缘子串		拍摄角度：平视； 拍摄要求：需覆盖绝缘子整串，可拍多张照片，最终能够清晰分辨绝缘子表面损痕和每片绝缘子连接情况
14	H	左回上相绝缘子横担端挂点		拍摄角度：平视/俯视； 拍摄要求：能够清晰分辨螺栓、螺母、锁紧销等小尺寸金具及防振锤。设备相互遮挡时，采取多角度拍摄
15	I	左地线挂点		拍摄角度：平视/俯视/仰视； 拍摄要求：能够判断各类金具的组合安装状态，与地线接触位置铝包带安装状态，清晰分辨螺栓、螺母、锁紧销等小尺寸金具及防振锤。设备相互遮挡时，采取多角度拍摄

续表

拍摄部位编号	悬停位置	拍摄部位	示　　例	拍摄方法
16	J	右地线挂点		拍摄角度：平视/俯视/仰视； 拍摄要求：能够判断各类金具的组合安装状态，与地线接触位置铝包带安装状态，清晰分辨螺栓、螺母、锁紧销等小尺寸金具及防振锤。设备相互遮挡时，采取多角度拍摄
17	K	右回上相绝缘子横担端挂点		拍摄角度：平视/俯视； 拍摄要求：能够清晰分辨螺栓、螺母、锁紧销等小尺寸金具及防振锤。设备相互遮挡时，采取多角度拍摄
18	K	右回上相绝缘子串		拍摄角度：平视； 拍摄要求：需覆盖绝缘子整串，可拍多张照片，最终能够清晰分辨绝缘子表面损痕和每片绝缘子连接情况
19	K	右回上相绝缘子导线端挂点		拍摄角度：平视/俯视； 拍摄要求：能够清晰分辨螺栓、螺母、锁紧销等小尺寸金具及防振锤。设备相互遮挡时，采取多角度拍摄
20	L	右回中相绝缘子横担端挂点		拍摄角度：平视/俯视； 拍摄要求：能够清晰分辨螺栓、螺母、锁紧销等小尺寸金具及防振锤。设备相互遮挡时，采取多角度拍摄

续表

拍摄部位编号	悬停位置	拍摄部位	示　　例	拍摄方法
21	L	右回中相绝缘子串		拍摄角度：平视；拍摄要求：需覆盖绝缘子整串，可拍多张照片，最终能够清晰分辨绝缘子表面损痕和每片绝缘子连接情况
22	L	右回中相绝缘子导线端挂点		拍摄角度：平视/俯视；拍摄要求：能够清晰分辨螺栓、螺母、锁紧销等小尺寸金具及防振锤。设备相互遮挡时，采取多角度拍摄
23	M	右回下相绝缘子横担端挂点		拍摄角度：平视/俯视；拍摄要求：能够清晰分辨螺栓、螺母、锁紧销等小尺寸金具及防振锤。设备相互遮挡时，采取多角度拍摄
24	M	右回下相绝缘子串		拍摄角度：平视；拍摄要求：需覆盖绝缘子整串，可拍多张照片，最终能够清晰分辨绝缘子表面损痕和每片绝缘子连接情况
25	M	右回下相绝缘子导线端挂点		拍摄角度：平视/俯视；拍摄要求：能够清晰分辨螺栓、螺母、锁紧销等小尺寸金具及防振锤。设备相互遮挡时，采取多角度拍摄

续表

拍摄部位编号	悬停位置	拍摄部位	示　　例	拍摄方法
26	N	小号侧通道		拍摄角度：平视； 拍摄要求：能够清晰完整看到杆塔的通道情况，如建筑物、树木、交叉、跨越的线路等
27	N	大号侧通道		拍摄角度：平视； 拍摄要求：能够清晰完整看到杆塔的通道情况，如建筑物、树木、交叉、跨越的线路等

四、交流线路单回耐张塔

交流线路单回耐张塔无人机巡检路径规划如图 2-4 所示，交流线路单回耐张塔无人机巡检拍摄规则见表 2-9。

图 2-4　交流线路单回耐张塔无人机巡检路径规划图

表 2-9　　交流线路单回耐张塔无人机巡检拍摄规则

拍摄部位编号	悬停位置	拍摄部位	示　例	拍摄方法
1	A	全塔		拍摄角度：俯视； 拍摄要求：杆塔全貌，能够清晰分辨全塔和杆塔角度，主体占比不低于全幅80%
2	B	塔头		拍摄角度：俯视； 拍摄要求：能够完整拍摄杆塔塔头
3	C	塔身		拍摄角度：平视/俯视； 拍摄要求：能够看到除塔头、基础外的其他结构全貌
4	D	杆号牌		拍摄角度：平视/俯视； 拍摄要求：能够清晰分辨杆号牌上线路双重名称
5	E	基础		拍摄角度：俯视； 拍摄要求：能够清晰看到基础附近地面情况

续表

拍摄部位编号	悬停位置	拍摄部位	示　例	拍摄方法
6	F	左相小号侧导线端挂点		拍摄角度：平视/俯视； 拍摄要求：能够清晰分辨螺栓、螺母、锁紧销等小尺寸金具及防振锤。设备相互遮挡时，采取多角度拍摄
7	F	左相小号侧绝缘子串		拍摄角度：平视； 拍摄要求：需覆盖绝缘子整串，可拍多张照片，最终能够清晰分辨绝缘子表面损痕和每片绝缘子连接情况
8	F	左相小号侧横担挂点		拍摄角度：平视/俯视； 拍摄要求：能够清晰分辨螺栓、螺母、锁紧销等小尺寸金具及防振锤。设备相互遮挡时，采取多角度拍摄
9	F	左相跳线横担挂点		拍摄角度：平视/俯视； 拍摄要求：能够清晰分辨螺栓、螺母、锁紧销等小尺寸金具及防振锤。设备相互遮挡时，采取多角度拍摄
10	F	左相跳线绝缘子串		拍摄角度：平视； 拍摄要求：需覆盖绝缘子整串，可拍多张照片，最终能够清晰分辨绝缘子表面损痕和每片绝缘子连接情况

续表

拍摄部位编号	悬停位置	拍摄部位	示　例	拍摄方法
11	F	左相跳线导线端挂点		拍摄角度：平视/俯视； 拍摄要求：能够清晰分辨螺栓、螺母、锁紧销等小尺寸金具及防振锤。设备相互遮挡时，采取多角度拍摄
12	F	左相大号侧横担挂点		拍摄角度：平视/俯视； 拍摄要求：能够清晰分辨螺栓、螺母、锁紧销等小尺寸金具及防振锤。设备相互遮挡时，采取多角度拍摄
13	F	左相大号侧绝缘子串		拍摄角度：平视； 拍摄要求：需覆盖绝缘子整串，可拍多张照片，最终能够清晰分辨绝缘子表面损痕和每片绝缘子连接情况
14	F	左相大号侧导线端挂点		拍摄角度：平视/俯视； 拍摄要求：能够清晰分辨螺栓、螺母、锁紧销等小尺寸金具及防振锤。设备相互遮挡时，采取多角度拍摄
15	G	中相小号侧导线端挂点		拍摄角度：平视/俯视； 拍摄要求：能够清晰分辨螺栓、螺母、锁紧销等小尺寸金具及防振锤。设备相互遮挡时，采取多角度拍摄

续表

拍摄部位编号	悬停位置	拍摄部位	示　例	拍摄方法
16	G	中相小号侧绝缘子串		拍摄角度：平视； 拍摄要求：需覆盖绝缘子整串，可拍多张照片，最终能够清晰分辨绝缘子表面损痕和每片绝缘子连接情况
17	G	中相小号侧横担挂点		拍摄角度：平视/俯视； 拍摄要求：能够清晰分辨螺栓、螺母、锁紧销等小尺寸金具及防振锤。设备相互遮挡时，采取多角度拍摄
18	G	中相大号侧横担挂点		拍摄角度：平视/俯视； 拍摄要求：能够清晰分辨螺栓、螺母、锁紧销等小尺寸金具及防振锤。设备相互遮挡时，采取多角度拍摄
19	G	中相大号侧绝缘子串		拍摄角度：平视； 拍摄要求：需覆盖绝缘子整串，可拍多张照片，最终能够清晰分辨绝缘子表面损痕和每片绝缘子连接情况
20	G	中相大号侧导线端挂点		拍摄角度：平视/俯视； 拍摄要求：能够清晰分辨螺栓、螺母、锁紧销等小尺寸金具及防振锤。设备相互遮挡时，采取多角度拍摄

续表

拍摄部位编号	悬停位置	拍摄部位	示例	拍摄方法
21	H	左地线		拍摄角度：平视/俯视/仰视； 拍摄要求：能够判断各类金具的组合安装状态，与地线接触位置铝包带安装状态，清晰分辨锁紧位置的螺母销级物件。设备互相遮挡时，采取多角度拍摄
22	I	右地线		拍摄角度：平视/俯视/仰视； 拍摄要求：能够判断各类金具的组合安装状态，与地线接触位置铝包带安装状态，清晰分辨锁紧位置的螺母销级物件。设备互相遮挡时，采取多角度拍摄
23	J	中相左跳线横担挂点		拍摄角度：平视/俯视； 拍摄要求：能够清晰分辨螺栓、螺母、锁紧销等小尺寸金具及防振锤。设备相互遮挡时，采取多角度拍摄
24	J	中相左跳线绝缘子串		拍摄角度：平视； 拍摄要求：需覆盖绝缘子整串，可拍多张照片，最终能够清晰分辨绝缘子表面损痕和每片绝缘子连接情况
25	J	中相左跳线导线端挂点		拍摄角度：平视/俯视； 拍摄要求：能够清晰分辨螺栓、螺母、锁紧销等小尺寸金具及防振锤。设备相互遮挡时，采取多角度拍摄

续表

拍摄部位编号	悬停位置	拍摄部位	示　例	拍摄方法
26	J	中相右跳线横担挂点		拍摄角度：平视/俯视； 拍摄要求：能够清晰分辨螺栓、螺母、锁紧销等小尺寸金具及防振锤。设备相互遮挡时，采取多角度拍摄
27	J	中相右跳线绝缘子串		拍摄角度：平视； 拍摄要求：需覆盖绝缘子整串，可拍多张照片，最终能够清晰分辨绝缘子表面损痕和每片绝缘子连接情况
28	J	中相右跳线导线端挂点		拍摄角度：平视/俯视； 拍摄要求：能够清晰分辨螺栓、螺母、锁紧销等小尺寸金具及防振锤。设备相互遮挡时，采取多角度拍摄
29	K	右相小号侧导线端挂点		拍摄角度：平视/俯视； 拍摄要求：能够清晰分辨螺栓、螺母、锁紧销等小尺寸金具及防振锤。设备相互遮挡时，采取多角度拍摄
30	K	右相小号侧绝缘子串		拍摄角度：平视； 拍摄要求：需覆盖绝缘子整串，可拍多张照片，最终能够清晰分辨绝缘子表面损痕和每片绝缘子连接情况

续表

拍摄部位编号	悬停位置	拍摄部位	示　　例	拍摄方法
31	K	右相小号侧横担挂点		拍摄角度：平视/俯视； 拍摄要求：能够清晰分辨螺栓、螺母、锁紧销等小尺寸金具及防振锤。设备相互遮挡时，采取多角度拍摄
32	K	右相大号侧横担挂点		拍摄角度：平视/俯视； 拍摄要求：能够清晰分辨螺栓、螺母、锁紧销等小尺寸金具及防振锤。设备相互遮挡时，采取多角度拍摄
33	K	右相大号侧绝缘子串		拍摄角度：平视； 拍摄要求：需覆盖绝缘子整串，可拍多张照片，最终能够清晰分辨绝缘子表面损痕和每片绝缘子连接情况
34	K	右相大号侧导线端挂点		拍摄角度：平视/俯视； 拍摄要求：能够清晰分辨螺栓、螺母、锁紧销等小尺寸金具及防振锤。设备相互遮挡时，采取多角度拍摄
35	K	小号侧通道		拍摄角度：平视； 拍摄要求：能够清晰完整看到杆塔的通道情况，如建筑物、树木、交叉、跨越的线路等

续表

拍摄部位编号	悬停位置	拍摄部位	示　例	拍摄方法
36	K	大号侧通道		拍摄角度：平视； 拍摄要求：能够清晰完整看到杆塔的通道情况，如建筑物、树木、交叉、跨越的线路等

五、交流线路双回耐张塔

交流线路双回耐张塔无人机巡检路径规划如图 2－5 所示，交流线路双回耐张塔无人机巡检拍摄规则见表 2－10。

图 2－5　交流线路双回耐张塔无人机巡检路径规划图

六、交流线路紧凑型塔

交流线路紧凑型塔无人机巡检路径规划如图 2－6 所示，交流线路紧凑型塔无人机巡检拍摄规则见表 2－11。

表 2-10　　　　交流线路双回耐张塔无人机巡检拍摄规则

拍摄部位编号	悬停位置	拍摄部位	示　例	拍摄方法
1	A	全塔		拍摄角度：俯视； 拍摄要求：杆塔全貌，能够清晰分辨全塔和杆塔角度，主体占比不低于全幅80%
2	B	塔头		拍摄角度：俯视； 拍摄要求：能够完整拍摄杆塔塔头
3	C	塔身		拍摄角度：平视/俯视； 拍摄要求：能够看到除塔头、基础外的其他结构全貌
4	D	杆号牌		拍摄角度：平视/俯视； 拍摄要求：能够清晰分辨杆号牌上的线路双重名称
5	E	基础		拍摄角度：俯视； 拍摄要求：能够清晰看到基础附近地面情况

续表

拍摄部位编号	悬停位置	拍摄部位	示　　例	拍摄方法
6	F	左回下相小号侧绝缘子导线端挂点		拍摄角度：平视/俯视； 拍摄要求：能够清晰分辨螺栓、螺母、锁紧销等小尺寸金具及防振锤。设备相互遮挡时，采取多角度拍摄
7	F	左回下相小号侧绝缘子串		拍摄角度：俯视； 拍摄要求：需覆盖绝缘子整串，可拍多张照片，最终能够清晰分辨绝缘子表面损痕和每片绝缘子连接情况
8	F	左回下相小号侧绝缘子横担端挂点		拍摄角度：平视/俯视； 拍摄要求：能够清晰分辨螺栓、螺母、锁紧销等小尺寸金具及防振锤。设备相互遮挡时，采取多角度拍摄
9	F	左回下相跳线绝缘子横担端挂点		拍摄角度：平视/俯视； 拍摄要求：采用平拍方式针对销钉穿向，拍摄上挂点连接金具；采用俯拍方式拍摄挂点上方螺栓及销钉情况
10	F	左回下相跳线绝缘子串		拍摄角度：平视； 拍摄要求：拍摄出绝缘子的全貌，应能够清晰识别每一片伞裙

续表

拍摄部位编号	悬停位置	拍摄部位	示 例	拍摄方法
11	F	左回下相跳线绝缘子导线端挂点		拍摄角度：平视； 拍摄要求：分别于导线金具的小号侧与大号侧拍摄照片两张，每张照片应包括从绝缘子末端碗头至重锤片的全景，且金具部分应占照片50%空间以上
12	F	左回下相大号侧绝缘子横担端挂点		拍摄角度：平视/俯视； 拍摄要求：能够清晰分辨螺栓、螺母、锁紧销等小尺寸金具及防振锤。设备相互遮挡时，采取多角度拍摄
13	F	左回下相大号侧绝缘子串		拍摄角度：俯视； 拍摄要求：需覆盖绝缘子整串，可拍多张照片，最终能够清晰分辨绝缘子表面损痕和每片绝缘子连接情况
14	F	左回下相大号侧绝缘子导线端挂点		拍摄角度：平视/俯视； 拍摄要求：能够清晰分辨螺栓、螺母、锁紧销等小尺寸金具及防振锤。设备相互遮挡时，采取多角度拍摄
15	G	左回中相小号侧绝缘子导线端挂点		拍摄角度：平视/俯视； 拍摄要求：能够清晰分辨螺栓、螺母、锁紧销等小尺寸金具及防振锤。设备相互遮挡时，采取多角度拍摄

续表

拍摄部位编号	悬停位置	拍摄部位	示　　例	拍摄方法
16	G	左回中相小号侧绝缘子串		拍摄角度：俯视； 拍摄要求：需覆盖绝缘子整串，可拍多张照片，最终能够清晰分辨绝缘子表面损痕和每片绝缘子连接情况
17	G	左回中相小号侧绝缘子横担端挂点		拍摄角度：平视/俯视； 拍摄要求：能够清晰分辨螺栓、螺母、锁紧销等小尺寸金具及防振锤。设备相互遮挡时，采取多角度拍摄
18	G	左回中相跳线绝缘子横担端挂点		拍摄角度：平视/俯视； 拍摄要求：采用平拍方式针对销钉穿向，拍摄上挂点连接金具；采用俯拍方式拍摄挂点上方螺栓及销钉情况
19	G	左回中相跳线绝缘子串		拍摄角度：平视； 拍摄要求：拍摄出绝缘子的全貌，应能够清晰识别每一片伞裙
20	G	左回中相跳线绝缘子导线端挂点		拍摄角度：平视； 拍摄要求：分别于导线金具的小号侧与大号侧拍摄照片两张，每张照片应包括从绝缘子末端碗头至重锤片的全景，且金具部分应占照片50%空间以上

续表

拍摄部位编号	悬停位置	拍摄部位	示　　例	拍摄方法
21	G	左回中相大号侧绝缘子横担端挂点		拍摄角度：平视/俯视； 拍摄要求：能够清晰分辨螺栓、螺母、锁紧销等小尺寸金具及防振锤。金具相互遮挡时，采取多角度拍摄
22	G	左回中相大号侧绝缘子串		拍摄角度：俯视； 拍摄要求：需覆盖绝缘子整串，可拍多张照片，最终能够清晰分辨绝缘子表面损痕和每片绝缘子连接情况
23	G	左回中相大号侧绝缘子导线端挂点		拍摄角度：平视/俯视； 拍摄要求：能够清晰分辨螺栓、螺母、锁紧销等小尺寸金具及防振锤。设备相互遮挡时，采取多角度拍摄
24	H	左回上相小号侧绝缘子导线端挂点		拍摄角度：平视/俯视； 拍摄要求：能够清晰分辨螺栓、螺母、锁紧销等小尺寸金具及防振锤。金具相互遮挡时，采取多角度拍摄
25	H	左回上相小号侧绝缘子串		拍摄角度：俯视； 拍摄要求：需覆盖绝缘子整串，可拍多张照片，最终能够清晰分辨绝缘子表面损痕和每片绝缘子连接情况

续表

拍摄部位编号	悬停位置	拍摄部位	示　　例	拍摄方法
26	H	左回上相小号侧绝缘子横担端挂点		拍摄角度：平视/俯视； 拍摄要求：能够清晰分辨螺栓、螺母、锁紧销等小尺寸金具及防振锤。金具相互遮挡时，采取多角度拍摄
27	H	左回上相跳线绝缘子横担端挂点		拍摄角度：平视/俯视； 拍摄要求：采用平拍方式针对销钉穿向，拍摄上挂点连接金具；采用俯拍方式拍摄挂点上方螺栓及销钉情况
28	H	左回上相跳线绝缘子串		拍摄角度：平视； 拍摄要求：拍摄出绝缘子的全貌，应能够清晰识别每一片伞裙
29	H	左回上相跳线绝缘子导线端挂点		拍摄角度：平视； 拍摄要求：分别于导线金具的小号侧与大号侧拍摄照片两张，每张照片应包括从绝缘子末端碗头至重锤片的全景，且金具部分应占照片50%空间以上
30	H	左回上相大号侧绝缘子横担端挂点		拍摄角度：平视/俯视； 拍摄要求：能够清晰分辨螺栓、螺母、锁紧销等小尺寸金具及防振锤。金具相互遮挡时，采取多角度拍摄

续表

拍摄部位编号	悬停位置	拍摄部位	示　　例	拍摄方法
31	H	左回上相大号侧绝缘子串		拍摄角度：俯视； 拍摄要求：需覆盖绝缘子整串，可拍多张照片，最终能够清晰分辨绝缘子表面损痕和每片绝缘子连接情况
32	H	左回上相大号侧绝缘子导线端挂点		拍摄角度：平视/俯视； 拍摄要求：能够清晰分辨螺栓、螺母、锁紧销等小尺寸金具及防振锤。金具相互遮挡时，采取多角度拍摄
33	I	左地线挂点		拍摄角度：平视/俯视； 拍摄要求：能够清晰分辨金具的组合安装状况，与地线接触位置铝包带安装状态。设备相互遮挡时，采取多角度拍摄
34	J	右地线挂点		拍摄角度：平视/俯视； 拍摄要求：能够清晰分辨金具的组合安装状况，与地线接触位置铝包带安装状态。设备相互遮挡时，采取多角度拍摄
35	K	右回上相小号侧绝缘子导线端挂点		拍摄角度：平视/俯视； 拍摄要求：能够清晰分辨螺栓、螺母、锁紧销等小尺寸金具及防振锤。金具相互遮挡时，采取多角度拍摄

续表

拍摄部位编号	悬停位置	拍摄部位	示　　例	拍摄方法
36	K	右回上相小号侧绝缘子串		拍摄角度：俯视； 拍摄要求：需覆盖绝缘子整串，可拍多张照片，最终能够清晰分辨绝缘子表面损痕和每片绝缘子连接情况
37	K	右回上相小号侧绝缘子横担端挂点		拍摄角度：平视/俯视； 拍摄要求：能够清晰分辨螺栓、螺母、锁紧销等小尺寸金具及防振锤。金具相互遮挡时，采取多角度拍摄
38	K	右回上相小号侧跳线绝缘子横担端挂点		拍摄角度：平视/俯视； 拍摄要求：采用平拍方式针对销钉穿向，拍摄上挂点连接金具；采用俯拍方式拍摄挂点上方螺栓及销钉情况
39	K	右回上相跳线绝缘子串		拍摄角度：平视； 拍摄要求：拍摄出绝缘子的全貌，应能够清晰识别每一片伞裙
40	K	右回上相跳线绝缘子导线端挂点		拍摄角度：平视； 拍摄要求：分别于导线金具的小号侧与大号侧拍摄照片两张，每张照片应包括从绝缘子末端碗头至重锤片的全景，且金具部分应占照片50%空间以上

续表

拍摄部位编号	悬停位置	拍摄部位	示　　例	拍摄方法
41	K	右回上相大号侧绝缘子横担端挂点		拍摄角度：平视/俯视； 拍摄要求：能够清晰分辨螺栓、螺母、锁紧销等小尺寸金具及防振锤。金具相互遮挡时，采取多角度拍摄
42	K	右回上相大号侧绝缘子串		拍摄角度：俯视； 拍摄要求：需覆盖绝缘子整串，可拍多张照片，最终能够清晰分辨绝缘子表面损痕和每片绝缘子连接情况
43	K	右回上相大号侧绝缘子导线端挂点		拍摄角度：平视/俯视； 拍摄要求：能够清晰分辨螺栓、螺母、锁紧销等小尺寸金具及防振锤。金具相互遮挡时，采取多角度拍摄
44	L	右回中相小号侧绝缘子导线端挂点		拍摄角度：平视/俯视； 拍摄要求：能够清晰分辨螺栓、螺母、锁紧销等小尺寸金具及防振锤。金具相互遮挡时，采取多角度拍摄
45	L	右回中相小号侧绝缘子串		拍摄角度：俯视； 拍摄要求：需覆盖绝缘子整串，可拍多张照片，最终能够清晰分辨绝缘子表面损痕和每片绝缘子连接情况

续表

拍摄部位编号	悬停位置	拍摄部位	示　　例	拍摄方法
46	L	右回中相小号侧绝缘子横担端挂点		拍摄角度：平视/俯视； 拍摄要求：能够清晰分辨螺栓、螺母、锁紧销等小尺寸金具及防振锤。金具相互遮挡时，采取多角度拍摄
47	L	右回中相跳线绝缘子横担端挂点		拍摄角度：平视/俯视； 拍摄要求：采用平拍方式针对销钉穿向，拍摄上挂点连接金具；采用俯拍方式拍摄挂点上方螺栓及销钉情况
48	L	右回中相跳线绝缘子串		拍摄角度：平视； 拍摄要求：拍摄出绝缘子的全貌，应能够清晰识别每一片伞裙
49	L	右回中相跳线绝缘子导线端挂点		拍摄角度：平视； 拍摄要求：分别于导线金具的小号侧与大号侧拍摄照片两张，每张照片应包括从绝缘子末端碗头至重锤片的全景，且金具部分应占照片50%空间以上
50	L	右回中相大号侧绝缘子横担端挂点		拍摄角度：平视/俯视； 拍摄要求：能够清晰分辨螺栓、螺母、锁紧销等小尺寸金具及防振锤。金具相互遮挡时，采取多角度拍摄

续表

拍摄部位编号	悬停位置	拍摄部位	示　例	拍摄方法
51	L	右回中相大号侧绝缘子串		拍摄角度：俯视； 拍摄要求：需覆盖绝缘子整串，可拍多张照片，最终能够清晰分辨绝缘子表面损痕和每片绝缘子连接情况
52	L	右回中相大号侧绝缘子导线端挂点		拍摄角度：平视/俯视； 拍摄要求：能够清晰分辨螺栓、螺母、锁紧销等小尺寸金具及防振锤。金具相互遮挡时，采取多角度拍摄
53	M	右回下相小号侧绝缘子导线端挂点		拍摄角度：平视/俯视； 拍摄要求：能够清晰分辨螺栓、螺母、锁紧销等小尺寸金具及防振锤。金具相互遮挡时，采取多角度拍摄
54	M	右回下相小号侧绝缘子串		拍摄角度：俯视； 拍摄要求：需覆盖绝缘子整串，可拍多张照片，最终能够清晰分辨绝缘子表面损痕和每片绝缘子连接情况
55	M	右回下相小号侧绝缘子横担端挂点		拍摄角度：平视/俯视； 拍摄要求：能够清晰分辨螺栓、螺母、锁紧销等小尺寸金具及防振锤。金具相互遮挡时，采取多角度拍摄

续表

拍摄部位编号	悬停位置	拍摄部位	示　例	拍摄方法
56	M	右回下相跳线绝缘子横担端挂点		拍摄角度：平视/俯视； 拍摄要求：采用平拍方式针对销钉穿向，拍摄上挂点连接金具；采用俯拍方式拍摄挂点上方螺栓及销钉情况
57	M	右回下相跳线绝缘子串		拍摄角度：平视； 拍摄要求：拍摄出绝缘子的全貌，应能够清晰识别每一片伞裙
58	M	右回下相跳线绝缘子导线端挂点		拍摄角度：平视； 拍摄要求：分别于导线金具的小号侧与大号侧拍摄照片两张，每张照片应包括从绝缘子末端碗头至重锤片的全景，且金具部分应占照片50%空间以上
59	M	右回下相大号侧绝缘子横担端挂点		拍摄角度：平视/俯视； 拍摄要求：能够清晰分辨螺栓、螺母、锁紧销等小尺寸金具及防振锤。金具相互遮挡时，采取多角度拍摄
60	M	右回下相大号侧绝缘子串		拍摄角度：俯视； 拍摄要求：需覆盖绝缘子整串，可拍多张照片，最终能够清晰分辨绝缘子表面损痕和每片绝缘子连接情况

续表

拍摄部位编号	悬停位置	拍摄部位	示　　例	拍摄方法
61	M	右回下相大号侧绝缘子导线端挂点		拍摄角度：平视/俯视； 拍摄要求：能够清晰分辨螺栓、螺母、锁紧销等小尺寸金具及防振锤。金具相互遮挡时，采取多角度拍摄
62	N	小号侧通道		拍摄角度：平视； 能够清晰完整看到杆塔的通道情况，如建筑物、树木、交叉、跨越的线路等
63	N	大号侧通道		拍摄角度：平视； 能够清晰完整看到杆塔的通道情况，如建筑物、树木、交叉、跨越的线路等

图 2-6　交流线路紧凑型塔无人机巡检路径规划图

表 2－11　　　交流线路紧凑型塔无人机巡检拍摄规则

拍摄部位编号	悬停位置	拍摄部位	示　例	拍摄方法
1	A	全塔		拍摄角度：平视/俯视； 拍摄要求：杆塔全貌，能够清晰分辨全塔和杆塔角度，主体占比不低于全幅 80%
2	B	塔头		拍摄角度：平视/俯视； 拍摄要求：能够完整拍摄杆塔塔头
3	B	塔身		拍摄角度：平视/俯视； 拍摄要求：能够完整拍摄杆塔塔身
4	C	杆号牌		拍摄角度：平视/俯视； 拍摄要求：能够清晰分辨杆号牌上线路双重名称
5	D	基础		拍摄角度：俯视； 拍摄要求：能够清晰看到基础附近地面情况

续表

拍摄部位编号	悬停位置	拍摄部位	示　例	拍摄方法
6	E	左侧地线挂点		拍摄角度：平视/俯视； 拍摄要求：能够清晰分辨金具的组合安装状况，与地线接触位置铝包带安装状态；设备相互遮挡时，采取多角度拍摄
7	E	左侧地线小号侧防振锤		拍摄角度：平视/俯视； 拍摄要求：能够清晰分辨防振锤的安装状况
8	E	左侧地线大号侧防振锤		拍摄角度：平视/俯视； 拍摄要求：能够清晰分辨防振锤的安装状况
9	F	右侧光缆挂点		拍摄角度：平视/俯视； 拍摄要求：能够清晰分辨金具组合安装状况，与地线接触位置铝包带安装状态，悬式绝缘子连接状况。设备相互遮挡时，采取多角度拍摄
10	G	右相横担外侧挂点		拍摄角度：平视； 拍摄要求：能够清晰分辨螺栓、螺母、锁紧销等小尺寸金具。金具相互遮挡时，采取多角度拍摄
11	G	右相横担内侧挂点		拍摄角度：平视； 拍摄要求：能够清晰分辨螺栓、螺母、锁紧销等小尺寸金具。金具相互遮挡时，采取多角度拍摄

续表

拍摄部位编号	悬停位置	拍摄部位	示　　例	拍摄方法
12	G	右相绝缘子串（V串）		拍摄角度：平视； 拍摄要求：需覆盖绝缘子整串，可拍多张照片，最终能够清晰分辨绝缘子表面损痕和每片绝缘子连接情况
13	G	右相导线侧挂点	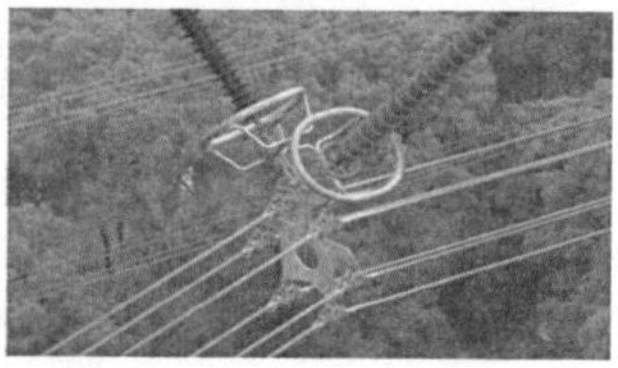	拍摄角度：平视/俯视； 拍摄要求：能够清晰分辨螺栓、螺母、锁紧销等小尺寸金具及防振锤；金具相互遮挡时，采取多角度拍摄
14	H	左相横担外侧挂点		拍摄角度：平视； 拍摄要求：能够清晰分辨螺栓、螺母、锁紧销等小尺寸金具；金具相互遮挡时，采取多角度拍摄
15	H	左相横担内侧挂点		拍摄角度：平视； 拍摄要求：能够清晰分辨螺栓、螺母、锁紧销等小尺寸金具；金具相互遮挡时，采取多角度拍摄
16	H	左相绝缘子串（V串）		拍摄角度：平视； 拍摄要求：需覆盖绝缘子整串，可拍多张照片，最终能够清晰分辨绝缘子表面损痕和每片绝缘子连接情况
17	H	左相导线侧挂点		拍摄角度：平视/俯视； 拍摄要求：能够清晰分辨螺栓、螺母、锁紧销等小尺寸金具及防振锤；金具相互遮挡时，采取多角度拍摄

续表

拍摄部位编号	悬停位置	拍摄部位	示　　例	拍摄方法
18	I	中相横担左侧挂点		拍摄角度：平视； 拍摄要求：能够清晰分辨螺栓、螺母、锁紧销等小尺寸金具；金具相互遮挡时，采取多角度拍摄
19	J	中相横担右侧挂点		拍摄角度：平视； 拍摄要求：能够清晰分辨螺栓、螺母、锁紧销等小尺寸金具；金具相互遮挡时，采取多角度拍摄
20	J	中相绝缘子串（V串）		拍摄角度：平视/俯视； 拍摄要求：需覆盖绝缘子整串，可拍多张照片，最终能够清晰分辨绝缘子表面损痕和每片绝缘子连接情况
21	K	中相导线侧挂点		拍摄角度：俯视； 拍摄要求：能够清晰分辨螺栓、螺母、锁紧销等小尺寸金具及防振锤；金具相互遮挡时，采取多角度拍摄
22	L	小号侧通道		拍摄角度：平视； 拍摄要求：能够清晰看到小号侧通道情况
23	L	大号侧通道		拍摄角度：平视； 拍摄要求：能够清晰看到大号侧通道情况

注：交流线路紧凑型塔由于绝缘子、挂点、导线集中在塔窗内，设备相对拥挤，不建议采用手动操作无人机巡检，推荐采取高精度定位自主巡检方式开展巡检作业。

七、交流线路拉线塔

交流线路拉线塔无人机巡检路径规划图如图 2-7 所示，交流线路拉线塔无人机巡检拍摄规则见表 2-12。

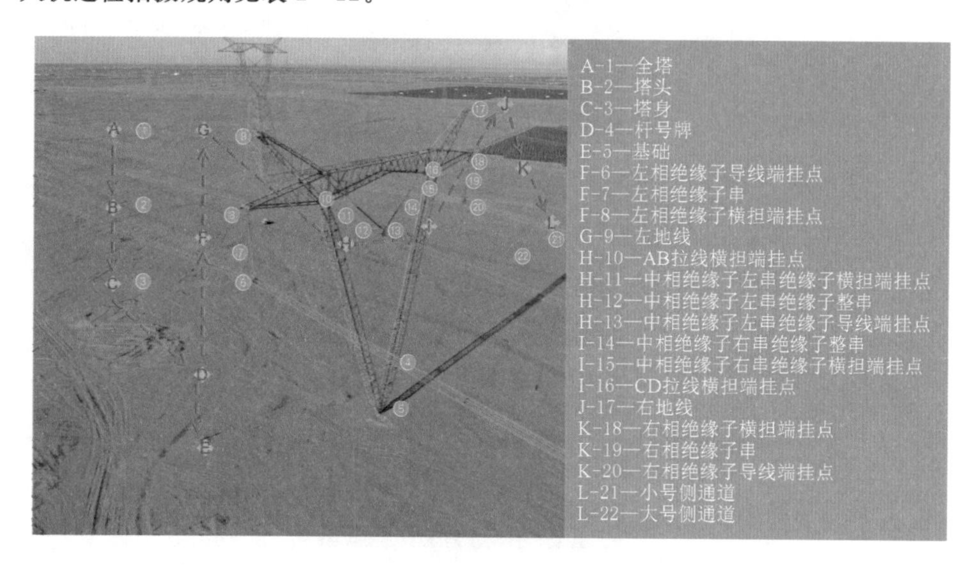

图 2-7 交流线路拉线塔无人机巡检路径规划图

表 2-12　　交流线路拉线塔无人机巡检拍摄规则

拍摄部位编号	悬停位置	拍摄部位	示　例	拍摄方法
1	A	全塔		拍摄角度：左后方 45°度俯视； 拍摄要求：杆塔全貌，能够清晰分辨全塔和杆塔角度，主体占比不低于全幅 80%
2	B	塔头		拍摄角度：左后方 45°角平视； 拍摄要求：能够完整拍摄杆塔塔头、绝缘子串数量、鸟刺分布情况

续表

拍摄部位编号	悬停位置	拍摄部位	示　例	拍摄方法
3	C	塔身		拍摄角度：左后方 45°角平视； 拍摄要求：能够看到除塔头外的其他结构全貌包括拉线根数、基础类型
4	D	杆号牌		拍摄角度：平视； 拍摄要求：能够清晰分辨杆号牌上线路双重名称
5	E	基础		拍摄角度：左后方 45°角平视； 拍摄要求：能够清晰看到基础形式及附近地面情况、拉线分布情况
6	F	左相绝缘子导线端挂点		拍摄角度：大号侧斜 45°角平视/俯视； 拍摄要求：能够清晰分辨螺栓、螺母、锁紧销、均压屏蔽环、线夹处（有无裂纹）、分裂根数、间隔棒（有无裂纹）等各种金具。金具相互遮挡时，采取多角度拍摄
7	F	左相绝缘子串		拍摄角度：平视/俯视； 拍摄要求：需覆盖绝缘子整串，可拍多张照片，最终能够清晰分辨绝缘子表面损痕和每片绝缘子连接情况

续表

拍摄部位编号	悬停位置	拍摄部位	示　　例	拍摄方法
8	F	左相绝缘子横担端挂点		拍摄角度：大号侧斜45°角平视/仰视； 拍摄要求：能够清晰分辨螺栓、螺母、锁紧销、横担侧鸟刺分布情况、横担侧塔材有无丢失、屏蔽环有无破损及相应金具大小尺寸。金具相互遮挡时，采取多角度拍摄
9	G	左地线		拍摄角度：大号侧斜45°角平视/仰视； 拍摄要求：能够清晰分辨螺栓、螺母、锁紧销、横担侧鸟刺分布情况、横担侧塔材有无丢失、及相应金具大小尺寸。金具相互遮挡时，采取多角度拍摄
10	H	AB拉线横担端挂点		拍摄角度：大号侧斜45°角仰视； 拍摄要求：可以准确反映AB两根拉线横担侧连接情况、能够清晰分辨螺栓、螺母、锁紧销、拉线上把等小尺寸金具。金具相互遮挡时，采取多角度拍摄
11	H	中相绝缘子左串绝缘子横担端挂点		拍摄角度：大号侧斜45°角仰视； 拍摄要求：能够清晰分辨螺栓、螺母、锁紧销等小尺寸金具。金具相互遮挡时，采取多角度拍摄
12	H	中相绝缘子左串绝缘子整串		拍摄角度：平视与绝缘子平行； 拍摄要求：需覆盖绝缘子整串，可拍多张照片，最终能够清晰分辨绝缘子表面损痕和每片绝缘子连接情况

续表

拍摄部位编号	悬停位置	拍摄部位	示　例	拍摄方法
13	H	中相绝缘子左串绝缘子导线端挂点		拍摄角度：大号侧斜45°角平视/俯视； 拍摄要求：能够清晰分辨螺栓、螺母、锁紧销、均压屏蔽环、线夹处（有无裂纹）、分裂根数、间隔棒（有无裂纹）等大小尺寸金具。金具相互遮挡时，采取多角度拍摄
14	I	中相绝缘子右串绝缘子整串		拍摄角度：平视/俯视； 拍摄要求：需覆盖绝缘子整串，可拍多张照片，最终能够清晰分辨绝缘子表面损痕和每片绝缘子连接情况
15	I	中相绝缘子右串绝缘子横担端挂点		拍摄角度：大号侧斜45°角仰视； 拍摄要求：能够清晰分辨螺栓、螺母、锁紧销等小尺寸金具。金具相互遮挡时，采取多角度拍摄
16	I	CD拉线横担端挂点		拍摄角度：大号侧斜45°角平视； 拍摄要求：能够清晰分辨螺栓、螺母、锁紧销等小尺寸金具及防振锤。金具相互遮挡时，采取多角度拍摄
17	J	右地线		拍摄角度：大号侧斜45°角平视/仰视； 拍摄要求：能够清晰分辨螺栓、螺母、锁紧销等小尺寸金具。金具相互遮挡时，采取多角度拍摄

续表

拍摄部位编号	悬停位置	拍摄部位	示　　例	拍摄方法
18	K	右相绝缘子横担端挂点		拍摄角度：大号侧斜45°角平视/仰视； 拍摄要求：能够清晰分辨螺栓、螺母、锁紧销等小尺寸金具。金具相互遮挡时，采取多角度拍摄
19	K	右相绝缘子串		拍摄角度：平视/俯视； 拍摄要求：需覆盖绝缘子整串，可拍多张照片，最终能够清晰分辨绝缘子表面损痕和每片绝缘子连接情况
20	K	右相绝缘子导线端挂点		拍摄角度：大号侧斜45°角平视/俯视； 拍摄要求：能够清晰分辨螺栓、螺母、锁紧销、均压屏蔽环、线夹处（有无裂纹）、分裂根数、间隔棒（有无裂纹）等大小尺寸金具。金具相互遮挡时，采取多角度拍摄
21	L	小号侧通道		拍摄角度：平视； 拍摄要求：包括本基塔左相整串绝缘子及上一基全塔可分辨塔型、通道内应清楚反映有无大型施工车辆或外破隐患点
22	L	大号侧通道		拍摄角度：平视； 拍摄要求：包括本基塔左相整串绝缘子及下一基全塔可分辨塔型、通道内应清楚反映有无大型施工车辆或外破隐患点

八、直流线路单回直线塔

直流线路单回直线塔无人机巡检路径规划图如图 2-8 所示，直流线路单回直线塔无人机巡检拍摄规则见表 2-13。

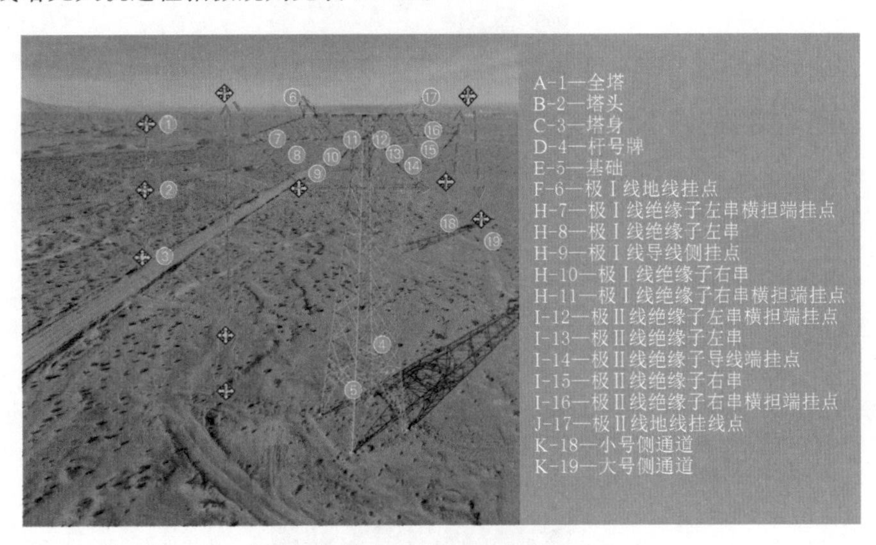

图 2-8　直流线路单回直线塔无人机巡检路径规划图

表 2-13　　直流线路单回直线塔无人机巡检拍摄规则

拍摄部位编号	悬停位置	拍摄部位	示　例	拍摄方法
1	A	全塔		拍摄角度：左后方 45°角俯视； 拍摄要求：杆塔全貌，能够清晰分辨全塔和杆塔角度，主体占比不低于全幅 80%
2	B	塔头		拍摄角度：左后方 45°角平视； 拍摄要求：能够完整拍摄杆塔塔头、绝缘子串数量、鸟刺分布情况

续表

拍摄部位编号	悬停位置	拍摄部位	示　　例	拍摄方法
3	C	塔身		拍摄角度：左后方45°角平视/俯视； 拍摄要求：能够看到除塔头外的其他结构全貌包括绝缘子、基础类型
4	D	杆号牌		拍摄角度：平视； 拍摄要求：能够清晰分辨杆号牌上线路双重名称
5	E	基础		拍摄角度：左后方45°角平视/俯视； 拍摄要求：能够清晰看到基础形式及附近地面情况
6	F	极Ⅰ线地线挂点		拍摄角度：平视； 拍摄要求：能够清晰分辨螺栓、螺母、锁紧销、均压屏蔽环等小尺寸金具。金具相互遮挡时，采取多角度拍摄
7	H	极Ⅰ线绝缘子左串横担端挂点		拍摄角度：平视/俯视； 拍摄要求：能够清晰分辨螺栓、螺母、锁紧销等小尺寸金具。金具相互遮挡时，采取多角度拍摄

续表

拍摄部位编号	悬停位置	拍摄部位	示　例	拍摄方法
8	H	极Ⅰ线绝缘子左串		拍摄角度：俯视； 拍摄要求：需覆盖绝缘子整串，可拍多张照片，最终能够清晰分辨绝缘子表面损痕和每片绝缘子连接情况
9	H	极Ⅰ线导线侧挂点		拍摄角度：大号侧斜45°角平视/俯视； 拍摄要求：能够清晰分辨螺栓、螺母、锁紧销、线夹（有无裂纹）等小尺寸金具。金具相互遮挡时，采取多角度拍摄
10	H	极Ⅰ线绝缘子右串		拍摄角度：平视/俯视； 拍摄要求：需覆盖绝缘子整串，可拍多张照片，最终能够清晰分辨绝缘子表面损痕和每片绝缘子连接情况
11	H	极Ⅰ线绝缘子右串横担端挂点		拍摄角度：俯视； 拍摄要求：能够清晰分辨螺栓、螺母、锁紧销等小尺寸金具。金具相互遮挡时，采取多角度拍摄
12	I	极Ⅱ线绝缘子左串横担端挂点		拍摄角度：平视/仰视； 拍摄要求：能够清晰分辨螺栓、螺母、锁紧销、均压屏蔽环等小尺寸金具。金具相互遮挡时，采取多角度拍摄

续表

拍摄部位编号	悬停位置	拍摄部位	示　　例	拍摄方法
13	I	极Ⅱ线绝缘子左串		拍摄角度：平视/俯视； 拍摄要求：需覆盖绝缘子整串，可拍多张照片，最终能够清晰分辨绝缘子表面损痕和每片绝缘子连接情况
14	I	极Ⅱ线绝缘子导线端挂点		拍摄角度：大号侧斜45°角平视/俯视； 拍摄要求：能够清晰分辨螺栓、螺母、锁紧销、线夹（有无裂纹）等小尺寸金具。金具相互遮挡时，采取多角度拍摄
15	I	极Ⅱ线绝缘子右串		拍摄角度：平视，与绝缘子平行； 拍摄要求：需覆盖绝缘子整串，可拍多张照片，最终能够清晰分辨绝缘子表面损痕和每片绝缘子连接情况
16	I	极Ⅱ线绝缘子右串横担端挂点		拍摄角度：平视/仰视； 拍摄要求：能够清晰分辨螺栓、螺母、锁紧销、横担侧塔材、屏蔽环等各种尺寸金具。金具相互遮挡时，采取多角度拍摄
17	J	极Ⅱ地线挂线点		拍摄角度：平视； 拍摄要求：能够清晰分辨螺栓、螺母、锁紧销各种尺寸金具。金具相互遮挡时，采取多角度拍摄

续表

拍摄部位编号	悬停位置	拍摄部位	示　例	拍摄方法
18	K	小号侧通道		拍摄角度：平视； 拍摄要求：包括本基塔左相整串绝缘子及上一基全塔可分辨塔型、通道内应清楚反映有无大型施工车辆或外破隐患点
19	K	大号侧通道		拍摄角度：平视； 拍摄要求：包括本基塔左相整串绝缘子及下一基全塔可分辨塔型、通道内应清楚反映有无大型施工车辆或外破隐患点

九、直流线路单回耐张塔

直流线路单回耐张塔无人机巡检路径规划如图 2－9 所示，直流线路单回耐张塔无人机巡检拍摄规则见表 2－14。

图 2－9　直流线路单回耐张塔无人机巡检路径规划图

表 2-14　　　　直流线路单回耐张塔无人机巡检拍摄规则

拍摄部位编号	悬停位置	拍摄部位	示　例	拍摄方法
1	A	全塔		拍摄角度：平视/俯视； 拍摄要求：杆塔全貌，能够清晰分辨全塔和杆塔角度，主体占比不低于全幅 80%
2	B	塔头		拍摄角度：平视/俯视； 拍摄要求：能够完整拍摄杆塔塔头
3	C	塔身		拍摄角度：平视/俯视； 拍摄要求：能够看到除塔头、基础外的其他结构全貌
4	D	杆号牌		拍摄角度：平视/俯视； 拍摄要求：能够清晰分辨杆号牌上线路双重名称
5	E	基础		拍摄角度：俯视； 拍摄要求：能够清晰看到基础附近地面情况
6	F	左极小号侧绝缘子导线端挂点		拍摄角度：平视/俯视； 拍摄要求：能够清晰分辨螺栓、螺母、锁紧销等小尺寸金具及防振锤。金具相互遮挡时，采取多角度拍摄

续表

拍摄部位编号	悬停位置	拍摄部位	示　例	拍摄方法
7	F	左极小号侧绝缘子		拍摄角度：俯视； 拍摄要求：需覆盖绝缘子整串，可拍多张照片，最终能够清晰分辨绝缘子表面损痕和每片绝缘子连接情况
8	F	左极小号侧绝缘子横担端挂点		拍摄角度：平视/俯视； 拍摄要求：能够清晰分辨螺栓、螺母、锁紧销等小尺寸金具及防振锤。金具相互遮挡时，采取多角度拍摄
9	F	左极小号侧跳线绝缘子内角侧横担端挂点		拍摄角度：平视/俯视； 拍摄要求：采用平拍方式针对销钉穿向，拍摄上挂点连接金具；采用俯拍方式拍摄挂点上方螺栓及销钉情况
10	G	左极小号侧跳线串横担端挂点		拍摄角度：平视/俯视； 拍摄要求：采用平拍方式针对销钉穿向，拍摄上挂点连接金具；采用俯拍方式拍摄挂点上方螺栓及销钉情况
11	G	左极小号侧跳线绝缘子		拍摄角度：平视； 拍摄要求：拍摄出绝缘子的全貌，应能够清晰识别每片伞裙
12	G	左极小号侧跳线串导线端挂点		拍摄角度：平视； 拍摄要求：照片应包括从绝缘子末端碗头至重锤片的全景

续表

拍摄部位编号	悬停位置	拍摄部位	示例	拍摄方法
13	G	左极大号侧跳线串导线端挂点		拍摄角度：平视； 拍摄要求：照片应包括从绝缘子末端碗头至重锤片的全景
14	G	左极大号侧跳线绝缘子		拍摄角度：平视； 拍摄要求：拍摄出绝缘子的全貌，应能够清晰识别每片伞裙
15	G	左极大号侧跳线串横担端挂点		拍摄角度：平视/俯视； 拍摄要求：采用平拍方式针对销钉穿向，拍摄上挂点连接金具；采用俯拍方式拍摄挂点上方螺栓及销钉情况
16	H	左极大号侧绝缘子横担端挂点		拍摄角度：平视/俯视； 拍摄要求：能够清晰分辨螺栓、螺母、锁紧销等小尺寸金具及防振锤。金具相互遮挡时，采取多角度拍摄
17	H	左极大号侧跳线绝缘子内角侧横担端挂点		拍摄角度：俯视； 拍摄要求：需覆盖绝缘子整串，可拍多张照片，最终能够清晰分辨绝缘子表面损痕和每片绝缘子连接情况
18	H	左极大号侧绝缘子		拍摄角度：俯视； 拍摄要求：需覆盖绝缘子整串，可拍多张照片，最终能够清晰分辨绝缘子表面损痕和每片绝缘子连接情况

续表

拍摄部位编号	悬停位置	拍摄部位	示　　例	拍摄方法
19	H	左极大号侧绝缘子导线端挂点		拍摄角度：平视/俯视；拍摄要求：能够清晰分辨螺栓、螺母、锁紧销等小尺寸金具及防振锤。金具相互遮挡时，采取多角度拍摄
20	I	左回地线大号侧挂点		拍摄角度：平视/俯视；拍摄要求：能够清晰分辨金具的组合安装状况，与地线接触位置铝包带安装状态。设备相互遮挡时，采取多角度拍摄
21	I	左回地线小号侧挂点		拍摄角度：平视/俯视；拍摄要求：能够清晰分辨金具的组合安装状况，与地线接触位置铝包带安装状态。设备相互遮挡时，采取多角度拍摄
22	J	右回地线小号侧挂点		拍摄角度：平视/俯视；拍摄要求：能够清晰分辨金具的组合安装状况，与地线接触位置铝包带安装状态。设备相互遮挡时，采取多角度拍摄
23	J	右回地线大号侧挂点		拍摄角度：平视/俯视；拍摄要求：能够清晰分辨金具的组合安装状况，与地线接触位置铝包带安装状态。设备相互遮挡时，采取多角度拍摄
24	K	右极小号侧绝缘子导线端挂点		拍摄角度：平视/俯视；拍摄要求：能够清晰分辨螺栓、螺母、锁紧销等小尺寸金具及防振锤。金具相互遮挡时，采取多角度拍摄

续表

拍摄部位编号	悬停位置	拍摄部位	示　例	拍摄方法
25	K	右极小号侧绝缘子		拍摄角度：俯视； 拍摄要求：需覆盖绝缘子整串，可拍多张照片，最终能够清晰分辨绝缘子表面损痕和每片绝缘子连接情况
26	K	右极小号侧绝缘子横担端挂点		拍摄角度：平视/俯视； 拍摄要求：能够清晰分辨螺栓、螺母、锁紧销等小尺寸金具及防振锤。金具相互遮挡时，采取多角度拍摄
27	K	右极小号侧跳线绝缘子内角侧横担端挂点		拍摄角度：平视/俯视； 拍摄要求：采用平拍方式针对销钉穿向，拍摄上挂点连接金具；采用俯拍方式拍摄挂点上方螺栓及销钉情况
28	L	右极小号侧跳线串横担端挂点		拍摄角度：平视/俯视； 拍摄要求：采用平拍方式针对销钉穿向，拍摄上挂点连接金具；采用俯拍方式拍摄挂点上方螺栓及销钉情况
29	L	右极小号侧跳线绝缘子		拍摄角度：平视； 拍摄要求：拍摄出绝缘子的全貌，应能够清晰识别每片伞裙
30	L	右极小号侧跳线串导线端挂点		拍摄角度：平视； 拍摄要求：照片应包括从绝缘子末端碗头至重锤片的全景

续表

拍摄部位编号	悬停位置	拍摄部位	示　例	拍摄方法
31	L	右极大号侧跳线串导线端挂点		拍摄角度：平视； 拍摄要求：照片应包括从绝缘子末端碗头至重锤片的全景
32	L	右极大号侧跳线绝缘子		拍摄角度：平视； 拍摄要求：拍摄出绝缘子的全貌，应能够清晰识别每片伞裙
33	L	右极大号侧跳线串横担端挂点		拍摄角度：平视/俯视； 拍摄要求：采用平拍方式针对销钉穿向，拍摄上挂点连接金具；采用俯拍方式拍摄挂点上方螺栓及销钉情况
34	M	右极大号侧横担端挂点		拍摄角度：平视/俯视； 拍摄要求：能够清晰分辨螺栓、螺母、锁紧销等小尺寸金具及防振锤。金具相互遮挡时，采取多角度拍摄
35	M	右极大号侧跳线绝缘子内角侧横担端挂点		拍摄角度：平视/俯视； 拍摄要求：能够清晰分辨螺栓、螺母、锁紧销等小尺寸金具及防振锤。金具相互遮挡时，采取多角度拍摄

续表

拍摄部位编号	悬停位置	拍摄部位	示例	拍摄方法
36	M	右极大号侧绝缘子		拍摄角度：俯视； 拍摄要求：需覆盖绝缘子整串，可拍多张照片，最终能够清晰分辨绝缘子表面损痕和每片绝缘子连接情况
37	M	右极大号侧导线端挂点		拍摄角度：平视/俯视； 拍摄要求：能够清晰分辨螺栓、螺母、锁紧销等小尺寸金具及防振锤。金具相互遮挡时，采取多角度拍摄
38	N	小号侧通道		拍摄角度：平视； 拍摄要求：能够清晰完整地看到杆塔通道情况，如建筑物、树木、交叉、跨越的线路等
39	N	大号侧通道		拍摄角度：平视； 拍摄要求：能够清晰完整地看到杆塔通道情况，如建筑物、树木、交叉、跨越的线路等

第三章 架空配电线路无人机精细化巡检作业方法

架空配电线路无人机精细化巡检是指利用多旋翼无人机对配电线路杆塔、通道及其附属设施进行全方位高效率巡检，可以发现螺栓、销钉等这些无法通过人工地面巡检发现缺陷的巡检作业。目前架空配电线路无人机精细化巡检主要采用多旋翼无人机搭载可见光相机的方式通过定点拍照对地面不易巡查的配电线路结构进行检查。

第一节 作业前准备

一、准备工作安排

1. 现场勘查，明确巡检线路双重称号、识别标记、塔（杆）号、地形状况、设备运行方式、了解作业现场周围环境。

2. 根据现场实际和档案资料等编制作业指导书。

3. 填写工作票并履行审批、签发手续。

4. 检查无人机及相关设备，确保无人机处于适航状态。

二、作业组织

作业人员经《电业安全工作规程》考试合格，身体健康，精神状态良好，操作熟练并具备无人机驾驶培训合格证。作业组织见表3-1。

表3-1　作业组织

序号	人员类别	职　责	作业人数
1	工作负责人（监护人）	负责工作组织、监护，并在作业过程中时刻观察无人机及操作手状态	1人
2	无人机操作手	负责遥控无人机开展精益化巡检作业	1人

三、工器具与仪器仪表

架空配电线路无人机精细化巡检所需的主要工器具与仪器仪表包括无人机和可见光相机，根据实际需要配备电池、防爆箱、风速仪、望远镜、笔记本电脑等设备。

第二节　巡检对象及要求

一、巡检对象

多旋翼无人机精细化巡检是指利用多旋翼无人机对配电线路杆塔、通道及其附属设施进行全方位高效率巡检，可以发现螺栓、销钉等这些无法通过人工地面巡检发现缺陷的巡检作业。巡检主要是通过定点拍照对配电电线路导线、绝缘子、杆塔、金具、瓷担等地面不易巡查的配电线路结构进行检查。主要检查内容为：导地线（光缆）、绝缘子、金具、杆塔、基础、附属设施、通道走廊等设备的外部可见异常情况和缺陷。配电线路无人机精细化巡检内容见表3－2。

表3－2　　配电线路无人机精细化巡检内容

分类	巡检对象	巡检内容
线路本体	地基与地面	回填土下沉或缺土、水淹、冻胀、堆积杂物等
	杆塔基础	明显破损、酥松、裂纹、露筋等，基础移位、边坡保护不足，防洪和护坡设施损坏、坍塌，基础螺丝未封堵等
	杆塔	杆塔倾斜、塔材变形、地线支架变形、塔材丢失、螺栓丢失、严重锈蚀、脚钉缺失、爬梯变形、土埋塔脚等
	接地装置	断裂、严重锈蚀、螺栓松脱、接地体外露、缺失，拉线与带电部分最小空间间隙是否符合有关规程的规定，连接部位有雷电烧痕等
	拉线及基础	拉线金具等被拆卸、拉线棒严重锈蚀或损坏、拉线松弛、断股、锈蚀；基础回填土下沉或缺土
	避雷器	破损、变形，引线松脱；与其他设备连接不牢等
	绝缘子	绝缘子自爆、伞裙破损、严重污秽、有放电痕迹、弹簧销缺损、钢帽裂纹、断裂、铁脚铁帽严重锈蚀、松动、弯曲，绝缘子严重偏移，固定导线的扎线松弛、开断等

续表

分类	巡检对象	巡检内容
线路本体	金具	线夹断裂、裂纹、磨损、销钉脱落或严重锈蚀；螺栓松动；防振锤跑位、脱落、严重锈蚀；间隔棒松脱、变形或离位；各种连板、连接环、调整板损伤、裂纹等
	架空导线	散股、断股、损伤、悬挂漂浮物、三相弛度过紧、过松、导线在线夹内滑脱、连接线夹螺帽脱落、严重锈蚀、混线；绝缘导线的绝缘层、接头损伤、严重老化、龟裂等
	横担	严重锈蚀、歪斜、变形，固定横担的U形卡或螺栓松动等
	线路通道	有危及线路安全的飘挂物，杆塔上有鸟草、蜂窝等
	其他	设备损坏情况
附属设施	杆塔号、警示牌、防护、指示、开关编号等标志	缺失、被遮挡、字迹不清、严重锈蚀、标志错误等（如果无人机无法保持安全距离进行拍摄则应放弃拍摄，但必须做好登记以免弄错杆塔号）
	各种监测装置	缺失、损坏，异常、停止工作等

二、巡检要求

多旋翼无人机作业应尽可能实现对杆塔设备及附属设施的全覆盖，根据机型特点和巡检塔型应遵照对应的标准化作业流程开展作业，根据通道实际工况制定合理可行的巡检计划，巡检导地线、绝缘子串、销钉、均压环、防振锤等重要设备或发现缺陷故障点时，从俯视、仰视、平视等多个角度顺线路方向、垂直线路方向以及距离塔顶垂直高度4m处进行航拍。多旋翼无人机巡检拍摄内容应包含塔全貌、塔头、塔身、杆号牌、绝缘子、各挂点、金具、通道等，配电线路无人机精细化拍摄内容见表3-3。

表3-3 配电线路无人机精细化拍摄内容

拍摄部位		拍摄重点
直线塔	塔概况	塔全貌、塔头、塔身、杆号牌、塔基
	引流线绝缘子横担端	绝缘子碗头销、铁塔挂点金具
	引流绝缘子导线端	碗头挂板销、引流线夹、联板、重锤等金具
	引流线	引流线、引流线绝缘子、间隔棒
	线路金具	线夹、连接金具、接续金具、保护金具、紧固金具
	通道	小号侧通道、大号侧通道

续表

拍摄部位		拍摄重点
承力塔	塔概况	塔全貌、塔头、塔身、杆号牌、塔基
	耐张绝缘子横担端	调整板、挂板等金具
	耐张绝缘子导线端	导线耐张线夹、各挂板、联板、防振锤等金具
	耐张绝缘子串	每片绝缘子表面及连接情况
	线路金具	线夹、连接金具、接续金具、保护金具、紧固金具
	引流线绝缘子横担端	绝缘子碗头销、铁塔挂点金具
	引流绝缘子导线端	碗头挂板销、引流线夹、联板、重锤等金具
	引流线	引流线、引流线绝缘子、间隔棒
	通道	小号侧通道、大号侧通道

1. 总体原则

多旋翼无人机巡检路径规划的建议是：先小号侧后大号侧，面向大号侧先左后右，从下至上（对侧从上至下）。有条件的单位，应根据配电设备结构选择合适的拍摄位置，并固化作业点，建立标准化航线库。航线库应包括线路名称、杆塔号、杆塔类型、布线型式、杆塔地理坐标、作业点成像参数等信息。

2. 直线塔建议拍摄原则

（1）单回直线塔。面向小号侧拍摄通道；面向大号侧，先拍左相，再拍中相左侧。中相右侧，后拍右相。

（2）双回直线杆。面向大号侧拍摄，右回先拍上相，再拍中相，后拍下相；左回顺序相反，先拍下相，再拍中相，后拍上相。

3. 承力杆建议拍摄原则

（1）单回承力塔。面向小号侧拍摄通道；面向大号侧，先拍左相，再拍中相，后拍右相。

（2）双回承力杆。面向主线小号侧拍摄通道；面向主线大号侧先拍左相，再拍中相，后拍右相；然后面向支线小号侧先拍右相，再拍中相，后拍左相。

第三节　典型杆塔巡检作业方法

一、单回路直线杆

配电线路单回路直线杆，精细化巡检作业方法见表 3-4。

表 3－4　　单回路直线杆精细化巡检作业方法示例

拍摄部位编号	拍摄部位	示　　例	拍摄方法
1	全杆		拍摄角度：平视/俯视； 拍摄要求：杆塔全貌，能够清晰分辨全杆和杆塔角度
2	杆号		拍摄角度：俯视； 拍摄要求：能够清楚识别杆号
3	杆塔头		拍摄角度：平视/俯视； 拍摄要求：能够完整拍摄杆塔塔头
4	小号侧通道		拍摄角度：平视； 拍摄要求：杆塔头平行，面向小号侧拍摄完整的通道概况图
5	大号侧通道		拍摄角度：平视； 拍摄要求：杆塔头平行，面向大号侧拍摄完整的通道概况图

续表

拍摄部位编号	拍摄部位	示　例	拍摄方法
6	左边相金具、绝缘子、挂点		拍摄角度：平视/俯视； 拍摄要求：能够清晰分辨螺栓、螺母、锁紧销、绝缘子等小尺寸金具。金具相互遮挡时，采取多角度拍摄
7	中相左侧金具、绝缘子、挂点		拍摄角度：平视/俯视； 拍摄要求：能够清晰分辨螺栓、螺母、锁紧销、绝缘子等小尺寸金具。金具相互遮挡时，采取多角度拍摄
8	杆顶	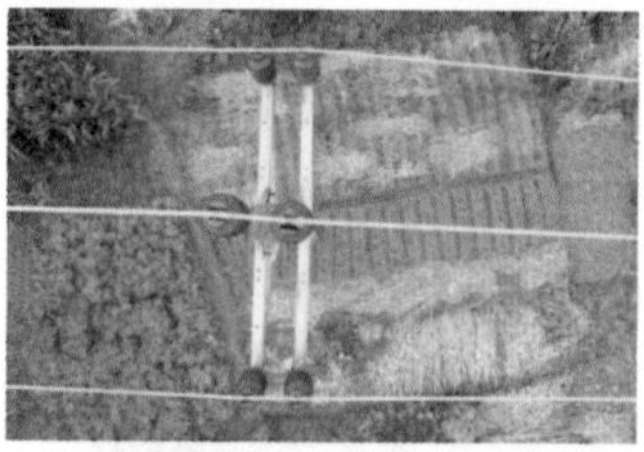	拍摄角度：俯视； 拍摄要求：位于杆塔顶部，采集杆塔坐标信息
9	中相右侧金具、绝缘子、挂点		拍摄角度：平视/俯视； 拍摄要求：能够清晰分辨螺栓、螺母、锁紧销、绝缘子等小尺寸金具。金具相互遮挡时，采取多角度拍摄
10	右边相金具、绝缘子、挂点		拍摄角度：平视/俯视； 拍摄要求：能够清晰分辨螺栓、螺母、锁紧销、绝缘子等小尺寸金具。金具相互遮挡时，采取多角度拍摄

二、单回路承力塔

配电线路单回路承力塔，精细化巡检作业方法示例见表 3－5。

表 3－5　　单回路承力塔精细化巡检作业方法示例

拍摄部位编号	拍摄部位	示　例	拍摄方法
1	全杆		拍摄角度：平视/俯视； 拍摄要求：杆塔全貌，能够清晰分辨全杆和杆塔角度
2	杆号		拍摄角度：俯视； 拍摄要求：能够清楚识别杆号
3	杆塔头		拍摄角度：平视/俯视； 拍摄要求：能够完整拍摄杆塔塔头
4	小号侧通道		拍摄角度：平视； 拍摄要求：杆塔头平行，面向小号侧拍摄完整的通道概况图

续表

拍摄部位编号	拍摄部位	示　　例	拍摄方法
5	大号侧通道		拍摄角度：平视； 拍摄要求：杆塔头平行，面向大号侧拍摄完整的通道概况图
6	左边相金具、绝缘子、挂点		拍摄角度：平视/俯视； 拍摄要求：能够清晰分辨螺栓、螺母、锁紧销、绝缘子等小尺寸金具。金具相互遮挡时，采取多角度拍摄
7	中相左侧金具、绝缘子、挂点		拍摄角度：平视/俯视； 拍摄要求：能够清晰分辨螺栓、螺母、锁紧销、绝缘子等小尺寸金具。金具相互遮挡时，采取多角度拍摄
8	杆顶		拍摄角度：俯视； 拍摄要求：位于杆塔顶部，采集杆塔坐标信息
9	中相右侧金具、绝缘子、挂点		拍摄角度：平视/俯视； 拍摄要求：能够清晰分辨螺栓、螺母、锁紧销、绝缘子等小尺寸金具。金具相互遮挡时，采取多角度拍摄

续表

拍摄部位编号	拍摄部位	示　　例	拍摄方法
10	右边相金具、绝缘子、挂点		拍摄角度：平视/俯视； 拍摄要求：能够清晰分辨螺栓、螺母、锁紧销、绝缘子等小尺寸金具。金具相互遮挡时，采取多角度拍摄

三、双回路直线杆

配电线路双回路直线杆，精细化巡检作业方法示例见表3-6。

表3-6　　双回路直线杆精细化巡检作业方法示例

拍摄部位编号	拍摄部位	示　　例	拍摄方法
1	全塔		拍摄角度：平视/俯视； 拍摄要求：顺光，线路方向45°角，俯拍20°角，检查混凝土杆外观
2	杆头		拍摄角度：平视/俯视； 拍摄要求：顺光，俯拍20°角，能够清晰分辨横担、抱箍结构、螺栓
3	杆头		拍摄角度：平视/俯视； 拍摄要求：顺光，光圈调小保证景深，俯拍20°角，检查单侧绝缘子绑线

续表

拍摄部位编号	拍摄部位	示　　例	拍摄方法
4	杆头		拍摄角度：平视/俯视； 拍摄要求：顺光，光圈调小保证景深，俯拍 20°角，检查单侧绝缘子绑线
5	杆头		拍摄角度：平视/仰视； 拍摄要求：顺光，光圈调小保证景深，仰拍 20°角，检查单侧绝缘子、螺帽
6	杆头		拍摄角度：平视/仰视； 拍摄要求：顺光，光圈调小保证景深，仰拍 20°角，检查单侧绝缘子螺帽
7	杆号牌		拍摄角度：平视/俯视； 拍摄要求：能够清晰分辨杆号牌上线路双重名称
8	基础		拍摄角度：俯视； 拍摄要求：能够清晰看到基础附近地面情况

四、双回路承力塔

配电线路双回路承力塔，精细化巡检作业方法示例见表3－7。

表3－7　　双回路承力塔精细化巡检作业方法示例

拍摄部位编号	拍摄部位	示　例	拍摄方法
1	全杆		拍摄角度：平视/俯视； 拍摄要求：杆塔全貌，能够清晰分辨全杆和杆塔角度
2	杆号		拍摄角度：俯视； 拍摄要求：能够清楚识别杆号
3	杆塔头		拍摄角度：平视/俯视； 拍摄要求：能够完整拍摄杆塔塔头，清晰厘清线路连接
4	主线小号侧通道		拍摄角度：平视； 拍摄要求：杆塔头平行，面向小号侧拍摄，完整的通道概况图

续表

拍摄部位编号	拍摄部位	示　例	拍摄方法
5	主线大号侧通道		拍摄角度：平视； 拍摄要求：杆塔头平行，面向大号侧拍摄，完整的通道概况图
6	主线左边相金具、绝缘子、挂点		拍摄角度：平视/俯视； 拍摄要求：能够清晰分辨螺栓、螺母、锁紧销、绝缘子等小尺寸金具。金具相互遮挡时，采取多角度拍摄
7	主线中相左侧金具、绝缘子、挂点		拍摄角度：平视/俯视； 拍摄要求：能够清晰分辨螺栓、螺母、锁紧销、绝缘子等小尺寸金具。金具相互遮挡时，采取多角度拍摄
8	杆顶	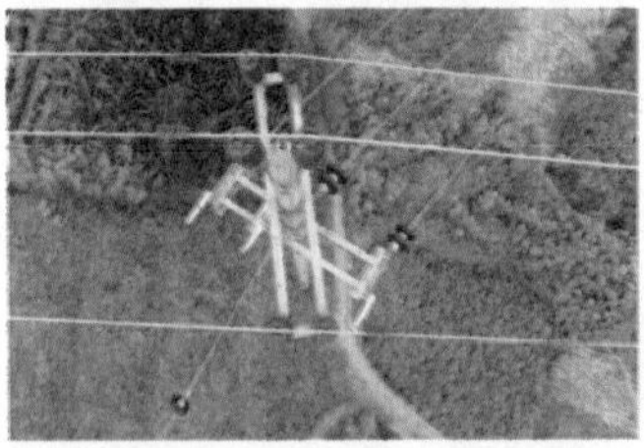	拍摄角度：俯视； 拍摄要求：位于杆塔顶部，采集杆塔坐标信息
9	主线中相右侧金具、绝缘子、挂点		拍摄角度：平视/俯视； 拍摄要求：能够清晰分辨螺栓、螺母、锁紧销、绝缘子等小尺寸金具。金具相互遮挡时，采取多角度拍摄

续表

拍摄部位编号	拍摄部位	示　　例	拍摄方法
10	主线右边相金具、绝缘子、挂点		拍摄角度：平视/俯视； 拍摄要求：能够清晰分辨螺栓、螺母、锁紧销、绝缘子等小尺寸金具。金具相互遮挡时，采取多角度拍摄
11	支线右边相金具、绝缘子、挂点、刀闸设备等		拍摄角度：平视/俯视； 拍摄要求：能够清晰分辨螺栓、螺母、锁紧销、绝缘子等小尺寸金具以及刀闸等设备。相互遮挡时，采取多角度拍摄
12	支线中相金具、绝缘子、挂点、刀闸设备等		拍摄角度：平视/俯视； 拍摄要求：能够清晰分辨螺栓、螺母、锁紧销、绝缘子等小尺寸金具以及刀闸等设备。相互遮挡时，采取多角度拍摄
13	支线左边相金具、绝缘子、挂点、刀闸设备等		拍摄角度：平视/俯视； 拍摄要求：能够清晰分辨螺栓、螺母、锁紧销、绝缘子等小尺寸金具以及刀闸等设备。相互遮挡时，采取多角度拍摄

第四章 架空线路无人机通道巡检作业方法

架空线路无人机通道巡检是对架空线路线路通道、周边环境、沿线交跨、施工作业等进行检查，以便及时发现和掌握线路通道环境的动态变化。线路通道环境巡视对象包括：建（构）筑物、树木（竹林）、施工作业、采动影响区、火灾、交叉跨越、防洪、排水、基础保护设施、道路桥梁、污染源、自然灾害等。目前架空线路通道巡检方式主要以固定翼无人机和多旋翼无人机为主，进行正射影像通道巡检时需要准备无人机、差分基站或网络 RTK、地面站、增稳云台、可见光相机等设备，另外要明确巡检的通道坐标及沿线环境，完成相关空域的审批手续，填用无人机电力巡检工作票或工作任务单，本章将以无人机搭载可见光相机对架空线路采取正射影像作业方法进行介绍。

第一节 架空线路无人机通道巡检作业前准备

一、准备工作安排

应根据工作安排合理开展作业准备工作，准备工作安排见表 4－1。

表 4－1 准备工作安排

序号	内容	要求	备注
1	提前现场勘察，查阅有关资料，编制作业指导书并组织学习	1. 明确线路名称、巡检杆塔区段、杆塔号、杆塔高度、杆塔坐标（WGS－84 或 CGCS2000）及海拔，了解现场周围环境、地形状况； 2. 分析存在的危险点并制定控制措施，确定作业方案，组织全员学习	
2	编制无人机作业计划	根据杆塔区段信息，设定无人机巡检高度，规划航线，完成飞行计划编制	

续表

序号	内　容	要　　求	备注
3	填写工作票并履行审批、签发手续	安全措施符合现场实际	
4	提前准备好作业所需工器具及仪器仪表	检查无人机及相关设备，确保无人机处于适航状态	

二、作业组织

明确人员类别、人员职责和作业人数，作业组织见表4-2。

表4-2　　作　业　组　织

序号	人员类别	职　　责	作业人数
1	工作负责人（监护人）	负责工作组织、监护，并在作业过程中时刻观察无人机及操作手状态	1人
2	无人机操作手	负责遥控无人机开展通道巡检作业	1人

三、工器具与仪器仪表

工器具与仪器仪表应包括施无人机、任务设备、仪器仪表等，工器具与仪器仪表见表4-3。

表4-3　　工 器 具 与 仪 器 仪 表

序号	名　　称	单位	数量	备　　注
1	无人机	架	1	根据工作任务选择合适的机型
2	差分基站	台	1	采用差分基站或网络RTK设备，根据无人机机型相匹配
3	地面站	台	1	用于连接无人机，可通过其获取无人机图传、数传信息，任务规划，自主飞行的指令发送与接收等
4	任务设备（可见光相机）	个	1	
5	电池	组	≥2	根据工作量合理配备电池数量，并留有裕度
6	防爆箱	个	1	
7	风速仪	个	1	
8	望远镜	个	1	

第二节 通道巡检航线规划流程及注意事项

一、通道巡检作业执行流程

表 4-4　　通道巡检作业执行流程

序号	执行事项
1	选择起飞点，确保起飞点地面平整，下方无大型钢结构和其他强磁干扰，周围半径 15m 无人，上方空间足够开阔
2	铺好防尘垫，保持垫子平整
3	正确组装螺旋桨，注意螺旋桨上的桨顺序，切勿混桨使用，必须成套成对使用更换，确保桨叶无破损、无裂纹
4	正确拆除云台锁扣、镜头盖，确保相机镜头清洁无污渍
5	正确安装智能飞行电池，确保触点清洁、电池无鼓包
6	正确安装 SD 卡，确保安装正确
7	正确安装地面站并与遥控器相连接
8	检查遥控器开关，确保飞行模式切换开关 GPS 模式，左右摇杆均归于中间
9	正确供电开机，确保依次打开遥控器供电，无人机供电
10	检查遥控器与无人机电池电量，确保电量可满足飞行任务
11	打开地面站控制软件
12	确认照片存储格式为 JPEG，照片比例推荐为 4∶3
13	检查指南针是否正常（指示灯：正常绿灯慢闪，不正常红黄交替）较远地区需校准指南针
14	检查 SD 卡正确可用，且容量满足需求
15	确保相机画面清晰可见
16	确保无人机数传、图传稳定安全
17	确保 GPS 星数满足飞行要求
18	进入通道巡检功能模式
19	测量起飞点的海拔，对比任务规划的起飞点海拔，适当调整航高
20	打开线路任务，根据作业指导书中工作任务对的航线、高度云台角度等参数进行设置
21	点击“执行任务”上传任务，确保飞行时长不大于 20min
22	点击“自动起飞”，确保操作人员距离无人机 5m 以外
23	观察无人机姿态是否正常，LED 指示灯是否正常，拍照模式是否正常启动，高度、云台角度是否正确，曝光数量

续表

序　号	执　行　事　项
24	负责人填写飞行记录表
25	确认无人机是否在设定高度进入航线
26	检查杆塔有无包含在照片内
27	无人机返回降落应确保周围15m内无作业人员外其他人员
28	降落时优先采取手动降落
29	缓慢降低油门，以低速平缓的降落地面垫子上
30	无人机落地后锁定油门3s以上，确定电机停转
31	依次关闭无人机供电，遥控器供电
32	拆下无人机桨叶，扣好云台锁扣，装箱

二、作业危险点及注意事项

表4-5　作业危险点及注意事项

序号	危　险　点	注　意　事　项
1	运输过程中颠簸使无人机碰撞损坏	无人机装车后要安装后固定卡扣，确保在运输过程中有柔性保护装置，设备不跑位，固定牢靠，在徒步运输过程中保证飞行器的运输舒适性，设备固定牢靠，设备运输装置有防摔、防潮、防水、耐高温等特性
2	无人机在飞行期间可能出现机体故障造成飞机失控	飞行前作业人员应认真对飞行器机体进行检查，确认各部件无损坏、松动
3	起降过程中作业人员操作不当导致飞行器侧翻损毁、桨叶破碎击伤人体	作业人员应严格按照无人机操作规程进行操作，两名操作人员应互为监督，飞机起降时，15m范围内严禁站作业无关人员
4	飞行巡视过程中与杆塔、其他障碍物距离太小发生碰撞	按规划好的航线飞行，无人机与作业目标保持5m以上的安全距离
5	飞行巡视过程中突然通信中断飞机失控	飞行前检查应对各种失控保护进行检验，确保因通信中断等各种原因引起的无人机失控时保护有效，在无人机数传中断后就记录时间
6	天气突变造成空中气流紊乱使飞机失控	负责人时刻注决观察风速变化，对风向风速作出分析并预警
7	气温低于0℃时造成电池掉电快	注意给电池保温，作业前应热机
8	无人机飞行过程中突降大雨损坏无人机设备	负责人时刻注意观察湿度变化，对雨雪情况作出预警

续表

序号	危　险　点	注　意　事　项
9	飞控手对飞行器状态作出错误判断强制飞行而导致飞行意外	作业前机组人员情绪检查，确保无负面情绪
10	电池安装不牢固，无人机空中大加速度动作时电池接触不良或松脱，造成无人机坠机	安装电池后，检查各处卡扣、绑带等是否固定到位

三、其他注意事项

表4-6　　其他注意事项

序　号	内　　容
1	现场人员必须戴好安全帽，穿工作服
2	作业人员在飞行前8h不得饮酒
3	严禁在未采取安全措施时飞越高速铁路和高速公路
4	严禁在各类禁飞区飞行（机场、军事区）
5	严禁在未采取安全措施时在城区人口密集区飞行
6	严禁直接徒手接机起飞、降落

第三节　架空线路无人机通道巡检内容

架空线路无人机通道可采用可见光相机、可见光摄像机对架空线路本体及通道进行巡检，架空线路无人机通道巡对象内容见表4-7。

表4-7　　架空线路无人机通道巡对象内容表

巡检对象		检查线路本体、通道及电力保护区有无以下缺陷、变化或情况	巡检手段
线路本体	杆塔基础	明显破损等，基础移位、边坡保护不够等	可见光
通道及电力保护区	建（构）筑物	有违章建筑；线路通道附近的塑料大棚、彩钢板顶建筑等易发隐患	可见光
	树木（竹林）	有新栽树（竹）	
	施工作业	线路下方或附近有危及线路安全的施工作业等，如距线路中心约500m区域内有施工、爆破、开山采石等	

续表

巡检对象		检查线路本体、通道及电力保护区有无以下缺陷、变化或情况	巡检手段
通道及电力保护区	火灾及易燃易爆	线路附近有烧荒等烟火现象，有易燃、易爆物堆积等	可见光
	交叉跨越（邻近）	出现新建或改建电力、通信线路、道路、铁路、轨道交通、索道、管道等	
	防洪、排水、基础保护设施	坍塌、淤堵、破损等	
	自然灾害	地震、洪水、泥石流、山体滑坡等引起通道环境变化	
	道路、桥梁	巡线道、桥梁损坏等	
	污染源	出现新的污染源或污染加重	
	不良地质区	出现滑坡、裂缝、塌陷等情况	
	其他	线路附近有人放风筝、有危及线路安全的飘浮物、线路跨越鱼塘边无警示牌、有射击打靶、有藤蔓类植物攀附杆塔等	

一、线路本体

重点检查杆塔基础是否明显破损等，基础移位、边坡保护不够等，如图4-1所示。

图4-1　线路附近存在取土等隐患

二、通道及电力保护区

1. 巡检对象：建（构）筑物

重点检查电力通道及保护区内是否存在违章建（构）筑物，如违章修房、线路通道附近的塑料大棚、彩钢板顶建筑等易发隐患，如图 4-2、图 4-3 所示。

图 4-2　违章搭建塑料大棚

图 4-3　违章搭建彩钢棚

2. 巡检对象：树木（竹林）

重点检查电力通道及保护区内是否有新栽树（竹）、砍伐树木，如图 4 - 4 所示。

图 4 - 4　电力通道内新栽树（竹）

3. 巡检对象：施工作业

重点检查线路下方或附近有危及线路安全的施工作业等，如距线路中心约 500m 区域内有施工、爆破、开山采石等，如图 4 - 5、图 4 - 6 所示。

图 4 - 5　电力线路下方修建道路

图 4－6　电力通道附近吊装作业

4. 巡检对象：火灾及易燃易爆

重点检查电力通道附近及保护区内是否有烧荒等烟火现象，是否有易燃、易爆物堆积等，如图 4－7 所示。

图 4－7　电力下方堆放木材等易燃物

5. 巡检对象：交叉跨越（邻近）

重点检查电力通道内出现新建或改建电力、通信线路、道路、铁路、轨道交通、索道、管道等，需对线路交叉跨越情况进行详细清理，如图 4－8、图 4－9 所示。

图 4－8　电力通道内存在电力线路交叉跨越

图 4－9　电力通道内新增铁路的交叉跨越

6. 巡检对象：防洪、排水、基础保护设施

重点检查电力线路所建设的防洪、排水、基础保护设施是否存在坍塌、淤堵、破损等情况，如图 4－10 所示。

7. 巡检对象：自然灾害

重点检查电力线路、电力通道附近是否存在地震、洪水、泥石流、山体滑坡等引起通道环境变化，自然灾害类应适度扩大检查范围，如图 4－11 所示。

图 4-10　检查杆塔保护桩是否存在破损

图 4-11　电力线路杆塔附近存在山体滑坡

8. 巡检对象：道路、桥梁

重点检查电力线路及通道内修建的电力巡线道、桥梁等是否有损坏、垮塌等，如图 4-12 所示。

图 4-12　电力通道内巡视便道检查

9. 巡检对象：污染源

重点检查电力通道及附近是否存在污染源或出现新的污染源或污染加重，如图 4-13、图 4-14 所示。

图 4-13　电力通道下方存在粉尘污染源

图 4-14　电力通道附近存在化工污染

10. 巡检对象：不良地质区

重点检查电力杆塔附近是否出现滑坡、裂缝、塌陷等情况，如图 4-15 所示。

图 4-15　基础临近河道土坡塌方

11. 巡检对象：其他

重点检查线路附近是否有人放风筝、是否有危及线路安全的飘浮物、线路跨越鱼塘边有无警示牌、是否有射击打靶、是否有藤蔓类植物攀附杆塔等，如图 4-16、图 4-17 所示。

图 4-16　电力线路下方存在鱼塘

图 4-17　电力线路下方存在防尘网

第五章 架空输电线路无人机其他巡检作业方法

本章节内容包括架空输电线路无人机红外检测及激光雷达检测的作业方法，其中红外检测作为非接触式的检测手段，在输电线路运维中得到广泛的应用，无人机搭载红外吊舱可替代人工检测导线连接管、引流节点、复合绝缘子等部件的温度，在一定程度上提升了工作效率，提高了巡检质量。激光雷达检测可以提供线路检测需要的详细信息，并为三维建模提供支撑。随之而来，开展基于三维激光扫描数据的点云数据处理、输电线路及通道地物特征提取、点云数据空间分析及输电线路工况模拟等分析工作，可为输配电线路安全隐患检测提供支撑。

第一节 红 外 检 测

一、概述

输电线路的连接，不管是导线连接管或是引流节点，还有合成绝缘子挂点处，都是电力线路的薄弱环节。由于导线连接点存在施工不良，气候变化的影响，负荷骤增以及震动原因，会使节点螺丝松动或接触面金属氧化造成接触电阻增大，到一定程度，可能因为温度过高最终造成线路事故。红外测温非接触式的检测手段，在输电线路运维中得到广泛的应用，包括手持式、有人直升机搭载吊舱、无人机搭载吊舱。如今无人机搭载吊舱可避免巡检人员跋山涉水、登塔实现线路相关部件的测量，一定程度上提升工作效率，提高巡检质量，降低作业风险。

二、作业前准备

1. 准备工作安排

应根据工作安排合理开展作业准备工作，准备工作安排见表 5-1。

表 5-1　　准备工作安排

序号	内容	要　求	备注
1	提前现场勘察，查阅有关资料，编制作业指导书并组织学习	1. 明确线路双重称号、识别标记、塔（杆）号，了解现场周围环境、地形状况； 2. 分析存在的危险点并制定控制措施，确定作业方案，组织全员学习	
2	填写工单并履行审批、签发手续	安全措施符合现场实际	
3	提前准备好作业所需工器具及仪器仪表	检查无人机及相关设备，确保无人机处于适航状态	

2. 作业组织

明确人员类别、人员职责和作业人数，作业组织见表 5-2。

表 5-2　　作业组织

序号	人员类别	职　责	作业人数
1	工作负责人（监护人）	负责工作组织、监护，并在作业过程中时刻观察无人机及操作手状态	1人
2	无人机操作手	负责遥控无人机开展红外检测作业	1人
3	数据分析人（可由序号1、2兼任）	负责巡检后的红外数据分析整理	1人

3. 工器具与仪器仪表

工器具与仪器仪表应包括施无人机、任务设备、仪器仪表等，见表 5-3。

表 5-3　　工器具与仪器仪表

序号	名　称	单位	数量	备　注
1	无人机	架	1	根据工作任务选择合适的机型
2	任务设备（红外吊舱）	个	1	
3	电池	组	按需	根据工作量合理配备电池数量，并留有裕度
4	防爆箱	个	1	
5	风速仪	个	1	
6	望远镜	个	1	

4. 红外设备检查及参数设定

（1）检查并确保红外设备电量不得低于 90%。

（2）检查并确保红外检测小吊舱可正常自检、操作，温度检测模块无异常。

（3）检查并确保携带的内存卡完好。

（4）红外数据显示设置。

1）色彩设置。通常红外设备均具备假彩色显示功能，提供颜色的同等、线性和加权展示。当设置颜色的加权展示时，可获得高温和低温之间的额外颜色对比度，突出显示有高热对比度目标。

2）温度警告。红外设备具备高低温预警功能，通过设置高温、低温颜色警告温度阈值，对图像中表面温度超出设定阈值的目标实现自动警告。

3）温度标记。红外设备在显示屏上可显示多个温度点标记。可以使用这些标记突出显示拍摄区域内温度的极值点，通常设置为区域内温度相对最高点。

（5）辐射系数选择。所有物体都辐射红外能量，红外设备通过搜集物体表面的红外辐射能量计算物体温度值，其中：

1）对于能有效辐射能量（高辐射系数）的表面，其辐射系数为≥0.9。

2）发光面或未涂漆的金属，为低辐射系数材料，其辐射系数小于0.6。

3）为了更准确地测量辐射系数较低的材料，需要进行辐射系数校正，校正方法见使用说明书。

（6）对焦设置。红外设备应具备自主对焦功能，对拍摄区域内物体实现自动对焦。特殊场合采用手动对焦时，需要巡检人员控制红外相机，同时观察温度显示区域，目标设备轮廓最清晰时即为准确对焦，可以读取温度信息或拍照。

（7）使用负载红外设备的无人机进行巡检时，根据不同被测物体及其周围环境，设置背景温度和发射率，温湿度设为目标物体所在环境的温湿度。通过手动或自动灰度拉伸、对比度拉伸，获取最准确的温度数据和最优质的红外图像。

三、红外测温对象及要求

红外测温对象及要求见表5-4。

表5-4　红外测温对象及要求

序号	类　别	巡　视　内　容
1	防雷设施及接地装置	放电间隙有无发热
2		架空地线引流线有无发热
3	导线	是否发热
4	地线（OPGW）	是否发热

续表

序号	类 别	巡 视 内 容
5	接续金具	直线接续管是否发热
6	耐张线夹	耐张线夹是否发热
7	接续金具	并钩线夹、楔形线夹、CH 型线夹是否发热
8	连接金具	联板、挂板、挂环等连接金具是否发热
9	悬垂线夹	悬垂线夹是否发热
10	防护金具	预绞丝、防振锤、阻尼线、相间间隔棒、相分裂导线的间隔棒、均压环、屏蔽环是否发热
11		绝缘子是否发热
12	绝缘子	复合绝缘子芯棒是否发热
13		复合绝缘子两端是否发热
14	通道及保护区	通道内有无防火危险点

四、作业示例

双回路耐张塔飞行示意图如图 5-1 所示，其中字母标注为无人机的飞行位置，数字标注为无人机需要检测的位置。

图 5-1 双回路耐张塔飞行示意图

五、巡检拍摄及分析规则

1. 输电线路直线塔（杆）Ⅰ型单串悬垂串（表5-5）

表5-5　　输电线路直线塔（杆）Ⅰ型单串悬垂串巡检拍摄规则

拍摄部位编号	拍摄部位	示　例	拍摄方法
1	悬垂串本体		拍摄角度：平视； 拍摄要求：缓慢调整飞机高度和云台角度对悬垂串本体进行拍摄；拍摄时应在调焦清楚后进行拍摄，保证悬垂串能有一帧清晰的图片可供分析
2	悬垂串导线端	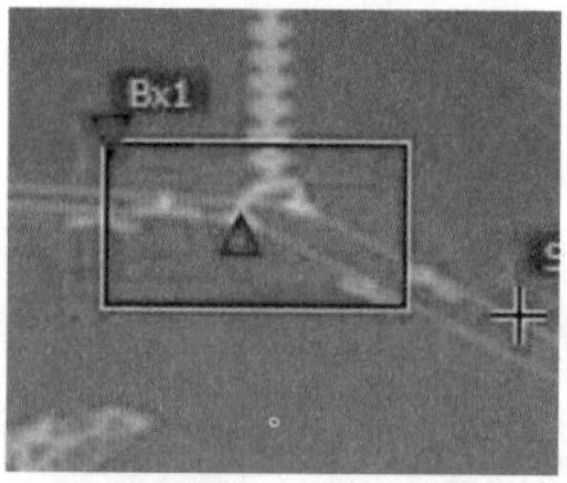	拍摄角度：平视； 拍摄要求：缓慢调整飞机高度和云台角度对悬垂串本体进行拍摄；拍摄时应在调焦清楚后进行拍摄，保证悬垂串导线端部位能有一帧清晰的图片可供分析

2. 输电线路直线塔（杆）Ⅰ型多串悬垂串（表5-6）

表5-6　　输电线路直线塔（杆）Ⅰ型多串悬垂串巡检拍摄规则

拍摄部位编号	拍摄部位	示　例	拍摄方法
1	悬垂串本体	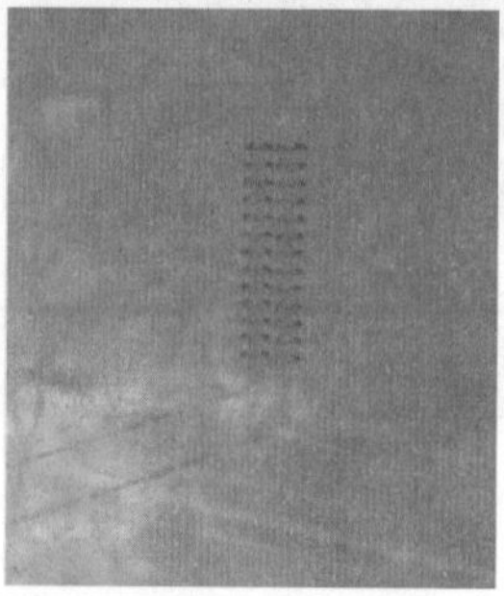	拍摄角度：平视； 拍摄要求：缓慢调整飞机高度和云台角度对悬垂串本体进行拍摄；拍摄时应在调焦清楚后进行拍摄，保证悬垂串导线端部位能有一帧清晰的图片可供分析

续表

拍摄部位编号	拍摄部位	示　　例	拍摄方法
2	悬垂串导线端		拍摄角度：平视； 拍摄要求：缓慢调整飞机高度和云台角度对悬垂串本体进行拍摄；拍摄时应在调焦清楚后进行拍摄，保证悬垂串导线端部位能有一帧清晰的图片可供分析

3. 输电线路直线塔（杆）V型单串悬垂串（表5-7）

表5-7　　输电线路直线塔（杆）V型单串悬垂串巡检拍摄规则

拍摄部位编号	拍摄部位	示　　例	拍摄方法
1	悬垂串本体		拍摄角度：平视； 拍摄要求：缓慢调整飞机高度和云台角度对悬垂串本体进行拍摄；拍摄时应在调焦清楚后进行拍摄，保证悬垂串能有一帧清晰的图片可供分析
2	悬垂串导线端	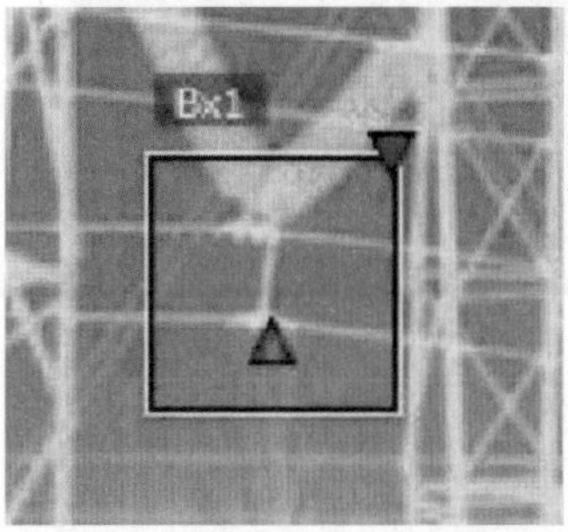	拍摄角度：平视； 拍摄要求：缓慢调整飞机高度和云台角度对悬垂串本体进行拍摄；拍摄时应在调焦清楚后进行拍摄，保证悬垂串导线端部位能有一帧清晰的图片可供分析

4. 输电线路直线塔（杆）V型多串悬垂串（表5-8）

表5-8　　输电线路直线塔（杆）V型多串悬垂串巡检拍摄规则

拍摄部位编号	拍摄部位	示　例	拍摄方法
1	悬垂串本体		拍摄角度：平视； 拍摄要求：缓慢调整飞机高度和云台角度对悬垂串本体进行拍摄；拍摄时应在调焦清楚后进行拍摄，保证悬垂串能有一帧清晰的图片可供分析
2	悬垂串导线端	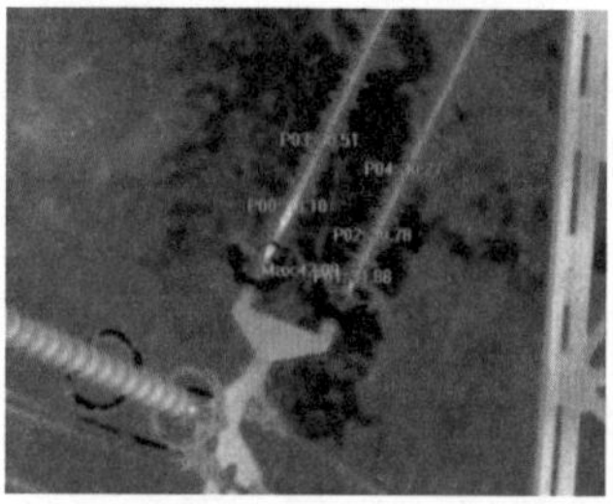	拍摄角度：平视； 拍摄要求：缓慢调整飞机高度和云台角度对悬垂串本体进行拍摄；拍摄时应在调焦清楚后进行拍摄，保证悬垂串导线端部位能有一帧清晰的图片可供分析

5. 输电线路耐张塔（杆）多串（含跳线）（表5-9）

表5-9　　输电线路耐张塔（杆）多串（含跳线）巡检拍摄规则

拍摄部位编号	拍摄部位	示　例	拍摄方法
1	导线端挂点	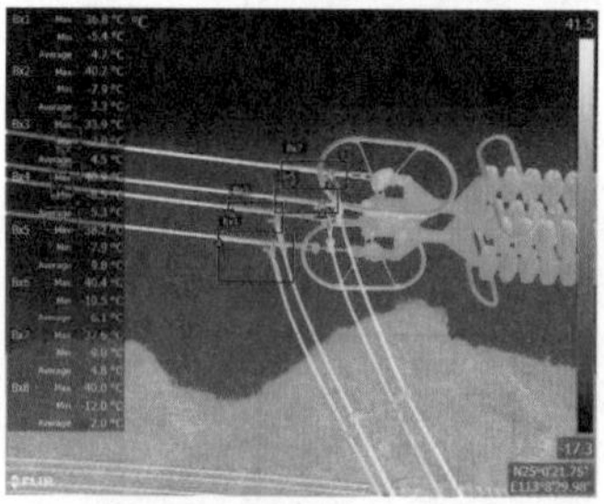	拍摄角度：仰视； 拍摄要求：照片应覆盖导线端挂点所有引流板及耐张管，并包含部分导线作为对比，宜以天空作为背景，使用仰拍角度进行拍摄，挂点区域背景应尽量避免出现杆塔相关设备，以免影响温度识别❶

❶ 导线的排列顺序为：面向杆塔号递增的方向，左下为1号子导线，按顺时针方向排列，依次为2、3、4…号子导线。

续表

拍摄部位编号	拍摄部位	示　例	拍摄方法
2	跳线绝缘子串（I型单串）		拍摄角度：平视； 拍摄要求：照片应覆盖整串合成绝缘子，尽量避免所拍摄的绝缘子背景与各挂点重合，以免影响温度识别
3	跳线绝缘子串（I型双串）		拍摄角度：平视； 拍摄要求：照片应覆盖整串合成绝缘子，尽量避免所拍摄的绝缘子背景与各挂点重合，以免影响识别精度
4	跳线绝缘子串（V型双串）		拍摄角度：平视； 拍摄要求：照片应覆盖整串合成绝缘子，尽量避免所拍摄的绝缘子背景与各挂点重合，以免影响识别精度
5	管母		拍摄角度：平视； 拍摄要求：照片应覆盖管母的所有部分，尽量避免背景与设备的其他部件重合，以免影响识别精度

第二节 激光雷达检测

一、概述

近年来，在电网高速发展的要求下，架空输配电线路巡维要求的不断提升，在架空输配电线路动静态巡视检测方面的新技术应用越来越广泛，从传统的“望远镜＋红外测温”的检测方法转变到“机巡＋人工”的广义巡检手段，并采取定期的试验分析检查模式。但由于架空输配电线路延展里程长，线路结构类型、不同电压等级的覆盖密度等不尽相同，尤其是由于历史原因未建立相关输电线路数字模型台账，为适应输电线路状态评价智能化的要求，收集掌握线路沿线的三维信息越发紧迫和重要。

三维激光扫描结合可见光影像数据在输电线路上的应用可以有效解决上述问题，尤其是其获取的点云数据，可以提供线路检测需要的详细信息，并为三维建模提供支撑。随之而来，开展基于三维激光扫描数据的点云数据处理、输电线路及通道地物特征提取、点云数据空间分析及输电线路工况模拟等分析工作，可为各供电局提供精确的输配电线路安全隐患检测，提高架空线路运维效率。

1. 基本要求

为加强架空输配电线路无人机三维激光巡检作业现场管理，规范各类作业人员的行为，保证人身、电网和设备安全，应遵循国家有关法律、法规，并结合电力生产的实际，开展架空输配电线路无人机巡检作业。

2. 人员要求

使用无人机三维激光巡检系统进行架空输配电线路巡检作业时，作业人员包括工作负责人和工作班成员，工作班成员包括无人机操作员和设备操作人员。作业人员配备见表 5－10。

表 5－10　　作业人员配备

序号	岗位名称	建议配备人数	人员职责分工
1	工作负责人	1	输配电线路三维激光扫描作业任务分配与管理； 根据无人机巡检作业计划，按相关要求办理空域审批手续，并密切跟踪空域变化情况

续表

序号	岗位名称	建议配备人数	人员职责分工
2	无人机操作员	1	现场环境勘察，获取巡检线路走向、走势、交叉跨越、地形地貌等信息； 无人机操控； 航线规划； 无人机本体及三维激光设备管理
3	激光雷达设备操作员	1	协助无人机操作员完成现场环境勘察； 激光雷达设备操作、扫描数据下载与质量检查； 激光雷达设备管理
4	数据处理人员	1	输电线路巡检作业数据处理； 成果资料整理

注：1. 以上人数按无人机三维激光雷达巡检最低人员配置。
2. 具备必要的电气、机械、气象、航线规划、激光雷达操作等巡检飞行知识和相关业务技能。
3. 具备必要的安全生产知识，学会紧急救护法。

3. 作业现场要求

(1) 作业现场的生产条件和安全设施等应符合有关标准和规范的要求，作业人员的劳动防护用品应合格、齐备。现场使用的安全工器具和防护用品应合格并符合有关要求。

(2) 作业人员应被告知其作业现场和工作岗位存在的危险因素、防范措施及事故紧急处理措施。

(3) 经常有人工作的场所及作业车辆上宜配备急救箱，存放急救用品，并指定专人经常检查、补充或更换。

(4) 应避免在强磁场或扫描路径跨水域地区开展无人机三维激光扫描作业。

4. 设备要求（表5-11）

表5-11　主要设备及工器具配备

机型	电压等级	巡检设备	性能要求	数量	功能	备注
多旋翼无人机	35kV及以上电压等级	搭载激光雷达系统	俯仰/翻滚角精度优于0.05°，航向角精度优于0.05°； 存储容量不小于128GB； 最大激光测距不小于200m； 测距精度优于10cm； 高程精度优于15cm，平面精度优于20cm； 含相机，可同步获取影像、激光雷达、IMU、GPS信息	1	获取激光雷达数据、航迹数据、影像数据	必配

续表

机型	电压等级	巡检设备	性能要求	数量	功能	备注
多旋翼无人机	10kV电压等级	背包式激光雷达系统	激光等级1级（人眼安全）； 测距100m； 扫描角度水平0°～360°； 垂直−90°～90°； 激光头数不小于2； 激光束不小于16； 点密度不小于200点/m^2； 点云格式Ply，las； 每秒激光点数量合不小于50万点； 定位精度优于0.10m，高程0.10m	1	获取激光雷达数据、航迹数据、影像数据	选配
		机载式激光雷达系统	激光等级1级（人眼安全）； 测距不小于200m（60%反射率）； 扫描角度不小于30°； 激光器数线1； 点密度不小于100点/m^2（速度大于4m/s，测距100m时）； 每秒激光点数量不小于5万点； 集成无基站解算模块重量不大于2000g； 信号跟踪GPS：L1、L2； GLONASS：L1、L2； GALILEO：E1、BDS：B1、SBAS、QZSS； 定位精度水平不大于0.20m； 高程不大于0.10m； 数据更新率不小于10Hz； 姿态精度横滚、俯仰不大于0.05°、航向不大于0.08°	1	获取激光雷达数据、航迹数据、影像数据	选配
固定翼无人机	110kV及以上电压等级	搭载激光雷达系统	俯仰/翻滚角精度优于0.05°，航向角精度优于0.05°； 存储容量不小于256GB； 最大激光测距不小于1000m； 测距精度优于10cm； 高程精度优于15cm，平面精度优于20cm； 含相机，可同步获取影像、激光雷达、IMU、GPS信息	1	获取静态基站数据	必配

续表

机型	电压等级	巡检设备	性能要求	数量	功能	备注
通用	通用	RTK 基站	初始化时间小于 10s； 初始化可靠性大于 99.9%； 信号通道：120 个动态通道； GPS：L1、L2、L2C、LC； GLONASS：L1、L2、L2C； BDS：B1、B2； GALILEO：E1、E5a、E5b、ALtBOC、SBAS、QZSS、L－band	1	获取静态基站数据	必配
通用	通用	电台	与设备通信距离不小于 1km	1	实现地面站与电脑之间的通信	必配
通用	通用	工具包	—	1		必配
通用	通用	U 盘或网线	—	1	数据下载	必配
通用	通用	设备挂载板	—	1	设备与飞行挂载的挂载件	必配
通用	通用	地面站（含设备控制和数据解算软件）	—	1		必配
通用	通用	无人机	—	1		必配
通用	通用	平板	—	1		必配
通用	通用	飞机遥控器	—	1		必配
通用	通用	相机 SD 卡	—	1	用于存储采集的影像数据	必配
通用	通用	读卡器	—	1	用于拷贝影像数据	选配
通用	通用	供电电池	—		设备供电、无人机供电	根据实际作业需求准备电池
通用	通用	通用五金工具	—	1		必配
通用	通用	医用药箱	创可贴、纱布、医用胶带、红霉素软膏、息斯敏、去痛片、清凉油、藿香正气口服液	1	巡线作业用	必配

二、作业流程

利用无人机激光雷达扫描系统获取的架空线路高精度点云可以检测建筑物、植被及交叉跨越对线路的距离、杆塔位置倾斜、风偏等涉电公共安全隐患是否符合规范，其采集激光带状扫描数据主要流程包括：航线设计、采集过程实时监测、数据预处理，点云数据解算等，具体流程如图 5－2 所示。

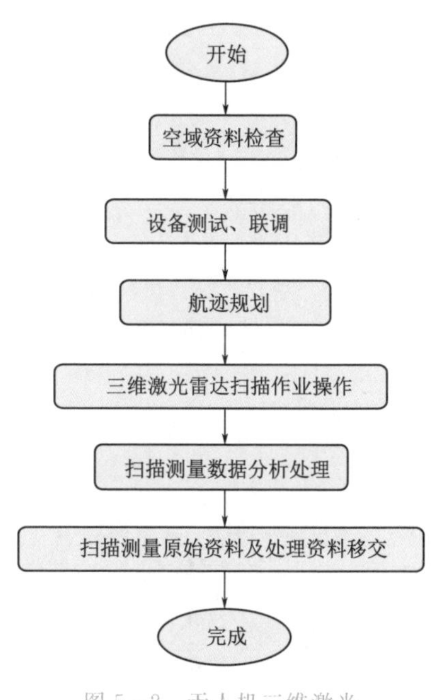

图 5－2　无人机三维激光扫描作业流程

三、数据分析

1. 数据预处理

对原始数据进行解码，获取 GPS 数据、IMU 数据和激光扫描仪数据等。将同一架次的 GPS 数据、IMU 数据、地面基站观测数据、飞行记录数据、基站控制点数据和激光数据等进行整理，生成满足要求的点云数据。

2. POS 数据处理

POS 数据处理要求如下：

（1）联合 IMU 数据、GPS 数据、基准站观测数据、基准站坐标进行 POS 数据解算，生成 POS 数据。

（2）通过 GPS 定位精度、姿态分离值等指标进行综合评定。

（3）导出航迹文件成果，POS 数据格式可为 TXT、POS 或其他格式存储。

（4）填写 POS 数据处理结果分析表（可根据实际在处理软件预设）。

3. 点云数据解算

点云数据解算要求如下：

（1）联合 POS 数据和激光测距数据，附加系统检校数据，进行点云数据解算，生成三维点云。

（2）点云数据可采用 LAS 格式、ASCII 码格式或其他格式存储。

（3）解算时对点云进行裁剪，只保留正式航线上的点云数据，生成线路走廊，提高处理效率。

4. 真彩色点云生成（视实际作业目的执行本操作）

利用采集的影像数据和分类后的激光点云数据对航摄影像进行正射纠正，将纠正后的影像与激光点云进行融合，实现将影像所富含的色彩信息赋给相应的激光点云。生成的彩色点云要求纹理丰富、颜色直观、位置准确。

5. 点云数据裁剪

根据杆塔位置和实际关注的线路走廊宽度对点云数据进行裁剪，减少点云数据量，提高处理效率。

6. 点云数据分类

对输电线路走廊的激光点云扫描数据进行快速自动化分类和精细化分类，所有分类对象进行不同作色。

快速自动化分类的对象包括默认类别、地面、植被、导线和杆塔。快速自动化分类作色要求见表 5－12。

表 5－12　　　　快速自动化分类作色要求

类别编号	中文名称	点云颜色（RGB）	类别编号	中文名称	点云颜色（RGB）
1	默认类别	(133，133，133)	4	导线	(255，0，255)
2	地面	(160，95，65)	5	杆塔	(0，0，255)
3	植被	(0，255，65)			

精细化分类包括：实现杆塔、高植被、植被、架空地线、电力线、绝缘子、跳线、间隔棒、地面、建筑、公路、被跨越杆塔、其他杆塔、被跨越电力线、其他电力线、铁路、弱电线路、铁路承力索或接触线、变电站、桥梁、水域、管道、河流等分类。

所有精细化分类作色要求见表 5－13。

表 5－13　　　　所有精细化分类作色要求

类别编号	中 文 名 称	点云颜色（RGB）
1	默认类别	(133，133，133)
2	地面	(160，95，65)
3	植被（高植被）	(0，255，65)
4	导线	(255，0，255)
5	杆塔	(0，0，255)
6	建筑物	(255，185，180)
7	公路	(40，70，110)

续表

类别编号	中 文 名 称	点云颜色（RGB）
8	铁路	(130，115，100)
9	铁路承力索或接触线	(130，115，100)
10	河流	(75，140，180)
11	管道	(128，64，64)
12	索道	(5，188，165)
13	绝缘子	(255，128，192)
14	架空地线	(115，5，150)
15	被穿越电力线（上跨）	(255，128，64)
16	被跨越电力线（下跨）	(255，128，0)
17	跳线	(250，55，85)
18	被跨越杆塔	(24，5，100)
19	其他	(70，110，80)

7. 隐患分析

根据激光点云数据对线路走廊进行当前和最大工况隐患分析，包括巡检线路总体统计分析、安全距离检查、交叉跨越检查以及最高气温、最大风速、最大覆冰厚度等情况下的线路安全检测分析。

（1）当前工况快速分析。根据自动化点云的分类情况，实现对输电线路的紧急和重大缺陷的安全距离进行快速分析。

（2）当前工况详细分析。根据点云数据的精细化对象分类情况，实现对输电线路的一般、紧急和重大缺陷的安全距离进行检测分析，实现对输电线路的交叉跨越进行检测。

（3）最大工况分析。实现对输电线路在最高气温、最大风速、最大覆冰厚度等最大工况下的线路安全检测分析。

（4）杆塔倾斜分析。基于点云数据实现对输电线路的杆塔倾斜分析。

（5）杆塔基本台账分析。根据点云数据，分析杆塔的基本台账，包括经度、纬度、塔基高程、塔顶高程、绝缘子串类型、杆塔转角、档距等基本台账信息。并和4A系统的杆塔台账资料进行对比分析。

（6）导线风偏分析。根据点云数据，完成对输电线路的风偏分析。

（7）树木生长分析预测。根据点云数据，完成通道树木生长分析预测。

（8）数据对跟踪分析。根据对激光点云数据的分析结果，开展后续预试定检支持、覆冰监测支持、缺陷闭环跟踪、基础台账整改跟踪分析。

四、成果移交

1. 成果资料整理

（1）每日扫描完毕后，无人机扫描人员应根据扫描情况及飞行情况，编制无人机巡视报告，每周进行汇总并编制巡视周报，经无人机巡线作业单位设备部审核后反馈给线路运行管辖单位。

（2）成果资料应包括分类激光点云数据、数字正射影像、数字高程模型、输电线路三维模型、危险点分析报表、技术报告以及其他相关资料。

（3）对原始数据、中间数据、预处理成果数据进行分类保存与备份，原始数据应保存至少一式两份。

2. 质量控制措施

（1）开展无人机巡线前，查询线路所在地区的天气情况，提前做好飞行准备。

（2）检查设备安装是否牢固。安装时轻拿轻放，防止仪器跌落，或受到冲击。

（3）在扫描前，请确保扫描镜干净无尘。

（4）检查飞机电池及设备供电电池电量，确保电量足够支撑巡检工作。

（5）检查无人机激光雷达巡检系统的存储空间，存储空间不足时须按设备操作规范清理存储空间，确保数据可正常存储。

（6）无人机设备宜在线路或杆塔侧上方10m以上的高度以5～7m/s的速度飞行，并保持该高度与速度进行激光雷达数据和影像数据的采集。

（7）基站观测时间要完全覆盖POS设备时间。一般基站开机要比飞行时间提前15min，关机时间要比飞行结束时间晚15min。

（8）基站架设在空旷地区，附近不应有强烈反射卫星信号的物体（如大型建筑物等），远离大功率无线电发射源（如电视台、电台、微波站等），其距离不应小于200m；远离高压输电线和微波无线电信号传送通道，其距离不应小于50m。

（9）数据采集过程中，禁止碰撞、移动基站。

（10）对于要求绝对精度的项目，应将基站架设在已知控制点上。无已知点时，需使用RTK等设备获取精确的基站信息。

（11）开始采集IMU数据后，设备静置至少5min，之后无人机方可起飞。

（12）无人机达到正式航线高度后，进入正式航线前，需绕两个“8”字，结束正式航线后也需在正式航线高度绕两个“8”字再降落。

（13）无人机落地后必须保证静置大于5min，之后才可停止采集，关闭设备。

（14）无人机位于线路上方，沿输电线路走向飞行，与线路保持相对平行。

（15）当天作业结束后对数据进行检查，检查是否存在遗漏。

3. 扫描资料移交

（1）无人机三维激光雷达扫描测量的原始数据、处理数据应及时整理，并完成扫描测量总结报告。

（2）每条线路巡视结束后，应将巡视资料上传各单位相关系统。

（3）运维单位使用系统中的数据，对疑似隐患进行核实并消除。

五、作业实例（以220kV以上电压等级为参考）

表5-14　　作业实例

部位编号	隐患种类	示例	分类方法
1	220kV杆塔倾斜		地面（160，95，65） 植被（高植被）（0，255，65） 导线（255，0，255） 杆塔（0，0，255） 绝缘子（255，128，192） 架空地线（115，5，150）
2	220kV工况模拟安全距离分析		地面（160，95，65） 植被（高植被）（0，255，65） 导线（255，0，255） 杆塔（0，0，255） 绝缘子（255，128，192） 架空地线（115，5，150）
3	220kV交叉跨越		地面（160，95，65） 植被（高植被）（0，255，65） 导线（255，0，255） 杆塔（0，0，255） 绝缘子（255，128，192） 架空地线（115，5，150） 被穿越电力线（上跨）（255，128，64） 被跨越电力线（下跨）（255，128，0） 跳线（250，55，85） 被跨越杆塔（24，5，100）

续表

部位编号	隐患种类	示例	分类方法
4	220kV 跨公路	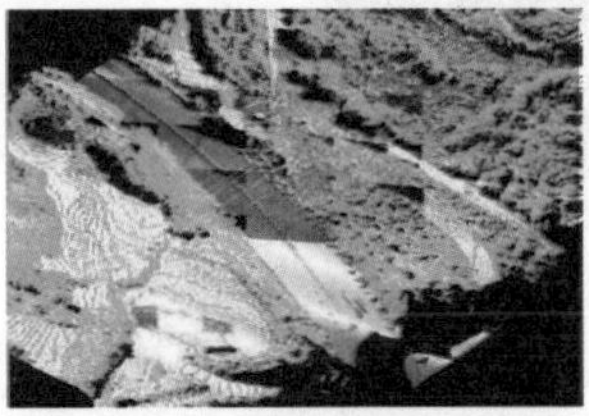	地面（160，95，65） 植被（高植被）（0，255，65） 导线（255，0，255） 杆塔（0，0，255） 绝缘子（255，128，192） 架空地线（115，5，150） 公路（40，70，110）
5	220kV 跨建筑		地面（160，95，65） 植被（高植被）（0，255，65） 导线（255，0，255） 杆塔（0，0，255） 绝缘子（255，128，192） 架空地线（115，5，150） 建筑物（255，185，180）
6	220kV 跨建筑＋交叉跨越	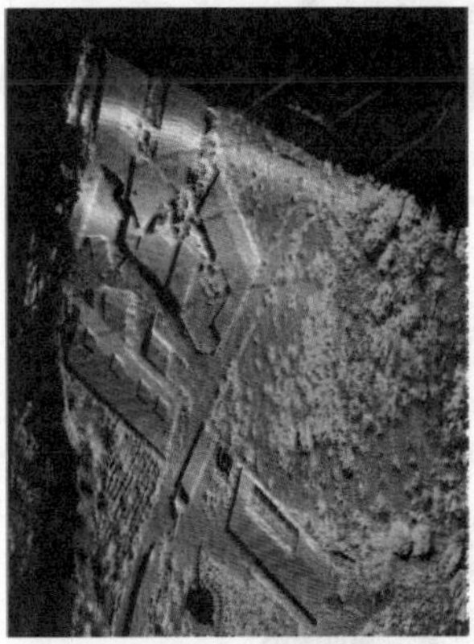	地面（160，95，65） 植被（高植被）（0，255，65） 导线（255，0，255） 杆塔（0，0，255） 绝缘子（255，128，192） 架空地线（115，5，150） 建筑物（255，185，180） 被穿越电力线（上跨）（255，128，64） 被跨越电力线（下跨）（255，128，0） 跳线（250，55，85） 被跨越杆塔（24，5，100）
7	220kV 跨铁路	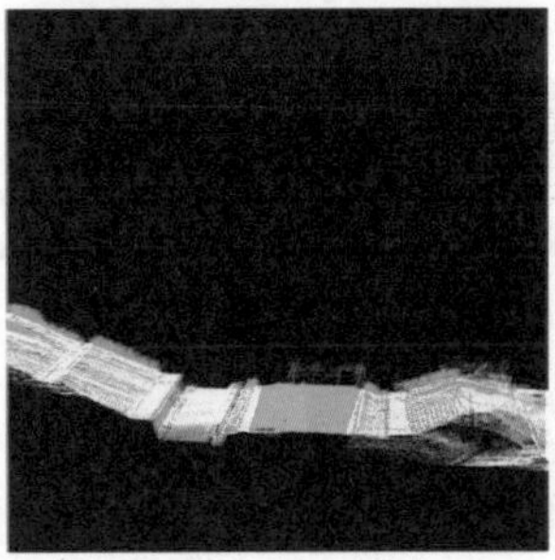	地面（160，95，65） 植被（高植被）（0，255，65） 导线（255，0，255） 杆塔（0，0，255） 绝缘子（255，128，192） 架空地线（115，5，150） 铁路（130，115，100） 铁路承力索或接触线（130，115，100）

续表

部位编号	隐患种类	示　例	分类方法
8	220kV 典型树障 1		地面（160，95，65） 植被（高植被）（0，255，65） 导线（255，0，255） 杆塔（0，0，255） 绝缘子（255，128，192） 架空地线（115，5，150）
9	220kV 典型树障 2		地面（160，95，65） 植被（高植被）（0，255，65） 导线（255，0，255） 杆塔（0，0，255） 绝缘子（255，128，192） 架空地线（115，5，150）
10	500kV 工况模拟 安全距离分析	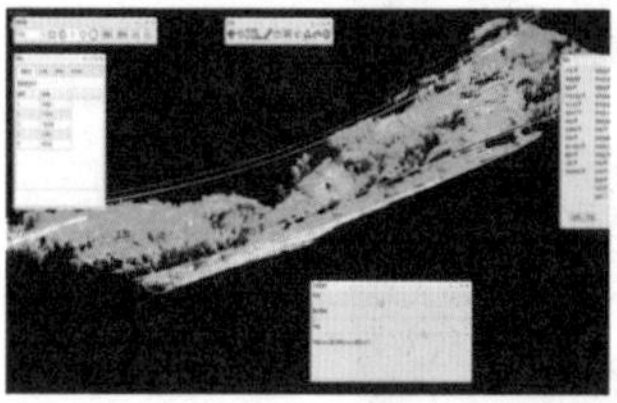	地面（160，95，65） 植被（高植被）（0，255，65） 导线（255，0，255） 杆塔（0，0，255） 绝缘子（255，128，192） 架空地线（115，5，150）
11	500kV 跨公路	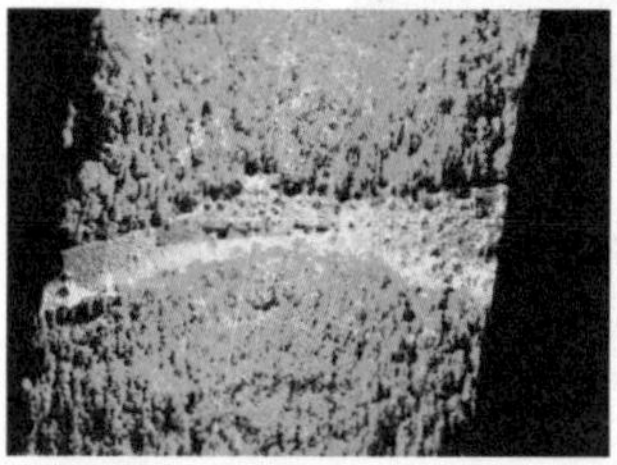	地面（160，95，65） 植被（高植被）（0，255，65） 导线（255，0，255） 杆塔（0，0，255） 绝缘子（255，128，192） 架空地线（115，5，150） 公路（40，70，110）
12	500kV 跨河流	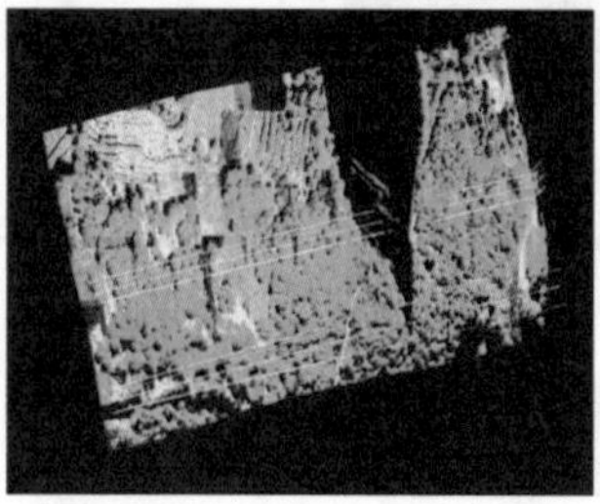	地面（160，95，65） 植被（高植被）（0，255，65） 导线（255，0，255） 杆塔（0，0，255） 绝缘子（255，128，192） 架空地线（115，5，150） 河流（75，140，180） 管道（128，64，64） 索道（5，188，165）

续表

部位编号	隐患种类	示例	分类方法
13	500kV 典型树树障 1		地面（160，95，65） 植被（高植被）（0，255，65） 导线（255，0，255） 杆塔（0，0，255） 绝缘子（255，128，192） 架空地线（115，5，150）
14	500kV 典型树树障 2		地面（160，95，65） 植被（高植被）（0，255，65） 导线（255，0，255） 杆塔（0，0，255） 绝缘子（255，128，192） 架空地线（115，5，150）
15	分析报告示例	220kV花青Ⅰ回线N8-N9检测结果 杆塔号：N8 经度：103.070088° 纬度：24.939696° 电力线走向：南偏东27° 杆塔号：N9 经度：103.071417° 纬度：24.937351° 档距：292.362m 杆塔号：N8 杆塔海拔：2153.77m 杆塔高度：19.70m 杆塔号：N9 杆塔海拔：2152.24m 杆塔高度：34.91m 图 例 地面 建筑物 公路 铁路 植被 电力线 杆塔 绝缘 架空地线 被跨越电力线 跳线 高植 缺陷区域	/

第六章 巡检资料归档

对架空线路无人机巡检作业资料，应根据标准化作业要求及时处理并分类存档。无人机巡检工作完成后，应及时从无人机巡检系统中导出巡检原始资料，将获取的图像和视频等原始巡检数据与作业过程资料，如巡检工作票中的线路信息、巡检区段等对应关联。不同类型的巡检原始数据，参照对应标准化作业方法进行分析处理，定位缺陷和隐患位置并记录缺陷明细，编制巡检报告。巡检报告和巡检原始资料参照要求进行归档存储，本章介绍了巡检资料的标准化分析处理和归档要求。

第一节 巡检资料组成

巡检资料包括但不限于当次巡检的工单、巡检报告、原始可见光/红外/激光雷达巡检数据和缺陷资料等。班组作业人员宜通过无人机巡检管控系统在线上完成资料归档。根据作业前线上申请的工单信息，在系统中对当次的巡检数据和发现的缺陷，通过系统关联对应的线路名、巡检人员和巡检时间等信息，在线上完成巡检原始数据和结果资料归档。

1. 作业过程资料

作业过程资料包括无人机巡检作业工作票（单）、现场勘察记录单、无人机巡检系统使用记录单等。其中工作票（单）信息应包含线路名称区段、巡检塔数、巡检时间、巡检人等信息；现场勘察记录单应包括作业现场条件、起降场地、巡检航线示意图等信息；无人机巡检系统使用记录单应包括起降架次、飞行时间等信息。

若采用无人机自主飞行，作业过程资料还应包含杆塔坐标点、线路走廊三维建模数据、无人机自主飞行航线数据。

2. 巡检原始数据

巡检数据应包括但不限于表6-1中内容。

表6-1　巡检原始数据

巡检类型	原始数据内容
可见光巡检	杆塔全塔、塔头、塔身、基础、接地图像； 绝缘子串整体及挂点局部图像； 挂点连接金具图像，图像中80%以上销子、螺母、垫片清晰裸露； 接续管及预绞丝图像； 导线及通道图像和视频
红外巡检	杆塔红外图像； 绝缘子串红外图像； 挂点金具红外图像； 接续管及预绞丝红外图像
激光扫描	激光雷达原始点云数据； 与激光点云同一架次的POS数据，包括GPS数据、IMU数据、地面基站观测数据、飞行记录数据、基站控制点数据

3. 巡检结果资料

巡检结果包括巡检数据处理结果和缺陷报告。经过分析处理后的可见光数据处理结果、红外巡检数据处理结果和根据不同应用生成的激光雷达资料。以上结果数据应包括当次巡检线路的详细缺陷信息，如缺陷发生的位置、缺陷设备、缺陷的严重程度等。对巡检结果缺陷截图，按要求编制缺陷报告。

第二节　巡检数据分析

1. 可见光数据分析

对巡检作业的可见光图像或视频数据，可以采用巡检影像缺陷智能识别模块进行批量处理，关联工单在线生成巡检报告。不具备条件的单位，应采用人工审核的形式，判别当次巡检作业的杆塔是否存在缺陷和隐患。审核人员应严格按照《架空输电线路运行规程》《输变电一次设备缺陷分类标准》《输电设备缺陷定级标准》等运维管理规定，研判分析设备缺陷和隐患。

2. 红外巡检数据分析

红外数据处理规则较为复杂，具体可参考本书第五章第一节内容。通常需要巡检人员结合设备现场运行条件，通过表面温度判断方法、相对温差判断法、图像特征判断法等方式，综合处理巡检数据，对设备运行状态进行判断。

通常红外设备温度文件为 .is2 等文件格式，需要在专用的红外数据处理软件中读取和编辑。原始格式的红外数据包含了设备温度信息，对确认的缺陷红外图像，宜在缺陷位置处显示温度，通常采用显示图像中最高温/最低温的方式，在图像中显示温度信息。选择以 .jpg 文件格式输出，使红外图像可以在大多数办公软件中读取并编辑。

3. 激光雷达数据分析

对激光雷达作业，应结合线路台账信息，参照第五章第二节要求，通过相关软件处理激光点云及 POS 数据，生成输电线路通道的三维模型和各类分析资料，其数据应满足无人机巡检路径规划、间隙校核和动态增容分析等应用需求。

(1) 数字高程模型（DEM)、数字正射影像（DOM)、输电线路三维模型数据精度符合应用要求。

(2) 线路台账。信息格式符合相关要求，杆塔信息描述准确；主要内容应包括杆塔号、经纬度、塔基高程、塔顶高程、转角和档距等信息。

(3) 安全距离检测分析报告。主要内容包括目标在输电线路位置，目标坐标，隐患点类型，与电力线的水平、垂直实测距离，净空实测距离，导线对地面距离，以及隐患点所在档距的平断面图。

(4) 交叉跨越报告。主要内容包括目标在输电线路交叉跨越点位置，目标坐标，交叉跨越点类型，与电力线的垂直实测距离和净空实测距离，以及交叉跨越点档距的平断面图。

(5) 树障预测分析报告。包括树木倒伏预测分析和树患实时识别预测分析。树木倒伏预测分析报告主要内容包括倒伏隐患点位置、倒伏过程中与导地线的最小净空距离；树患实时识别预测分析报告主要内容包括：树种类别、树木自然生长高度、树木与导地线的实时最小净空距离。

(6) 平断面图。主要内容包括杆塔号、档距，平断面示意图，扫描工况等内容。

(7) 模拟工况分析报告。主要包括高温工况分析报告、大风工况分析报告和覆冰工况分析报告。主要内容包括：目标在输电线路位置，目标坐标，隐患点类型，与电力线的水平、垂直实测距离，净空实测距离以及隐患点所在档距的平断面图。

4. 缺陷截图规则

对以上可见光、红外、激光雷达数据中存在的线路缺陷，应采用能够覆盖缺陷信息的合适画面大小，以 4∶3 或 16∶9 进行截图，制作缺陷图像。截图要求不进行压缩（图像保存不压缩，加入 WORD 分析报告中图像不进行压缩）。

（1）可见光图像缺陷信息截图参考。对巡检图像及视频截取帧图像中的缺陷设备，选择合适的显示比例，用红框在图像中标注出缺陷设备部位的准确位置，宜在图像上标注设备缺陷信息，示例如图 6-1 所示。

图 6-1　可见光图像缺陷截图示例

（2）红外图像缺陷信息截图参考。发热设备在红外图像中显现出以故障点为中心的温度异常，从设备的假彩色图像中可直观地判断是否存在温度异常，以合适的显示比例对设备热缺陷位置进行截图，可根据温度分布确定故障的部位，如图 6-2 所示。

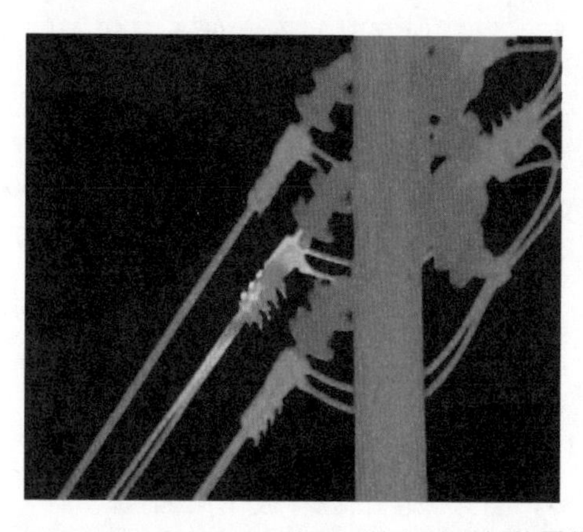

图 6-2　红外图像缺陷截图示例

（3）激光雷达缺陷信息截图参考。激光雷达资料中的缺陷信息，应在截图中应具备起止杆塔号、档距、缺陷隐患位置、缺陷隐患类型、危险位置距离等信息。

以安全距离为例，在线路三维建模后，根据激光点云和相应工况参数，结合导线所允许最高温度、最大风速、最大覆冰及通道运行环境等条件，预测模拟不同温度、风速、覆冰情况下导线弧垂及耐张线夹、T型线夹、接续管等金具受力变化，对输电线路通道内地物安全距离检测分析，对不满足安全距离的位置制作缺陷信息截图，如图6-3所示。

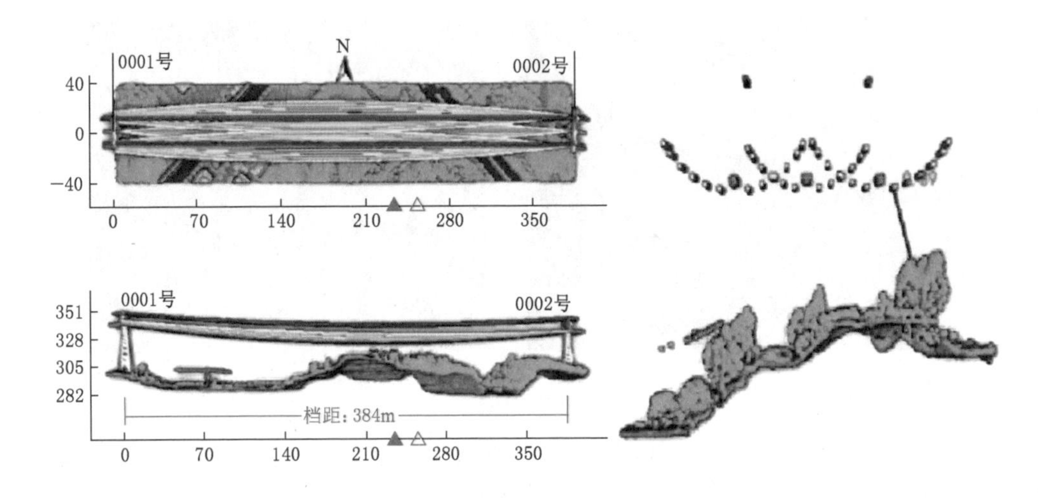

图6-3　激光雷达资料缺陷信息截图示例

5. 图像数据归档要求

全套归档资料以电子资料的形式保存，资料保存时间不宜低于三年。宜通过数据库软件实现对资料的管理，宜对归档资料进行存储备份。

(1) 可见光图像资料归档

可见光图像按照以下规范进行分级文件夹管理，示例如图6-4所示。

文件夹第一层：××公司××kV××线无人机巡视资料。

文件夹第二层：#××无人机巡视资料。(例#201无人机巡视资料，“#”在阿拉伯数字前)。

文件夹第三层：×年无人机巡视资料。

文件夹第四层：×月无人机巡视资料，当月缺陷图像存放于第四层。

文件夹第五层：每基杆塔对应无人机巡视资料。

图像分析工作应尽快完成（一般3个工作日内），宜采用专用的标注软件读取分层存储的归档资料，分析查看图像；宜采用数据库对发现的缺陷图像进行管理。发现缺陷后应编辑图像，对图像中缺陷进行标注，按照“电压等级＋线

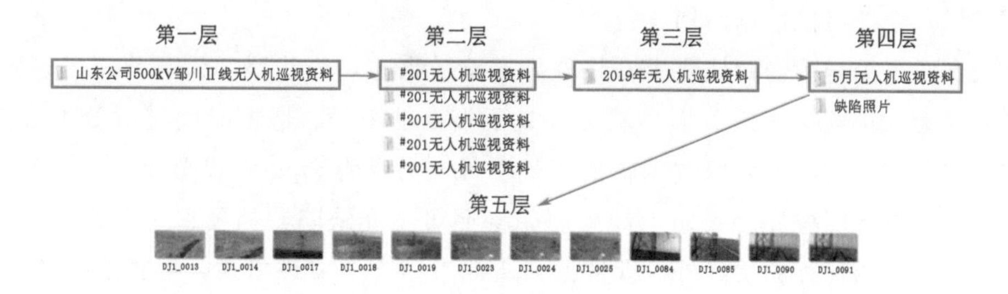

图 6-4　可见光图像归档规则示例

路名称＋杆号”-“缺陷简述”-“该图片原始名称”顺序将图像重命名，其中缺陷简述参照“相—侧—部—问”顺序进行描述，示例：500kV 聊韶Ⅱ线#124塔-上相挂点缺销钉-DSG-0001.JPG。如图 6-5 所示。

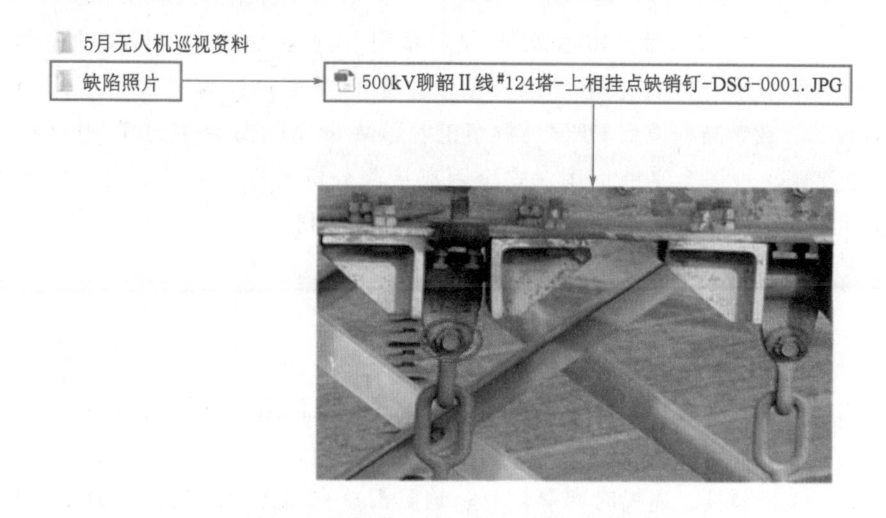

图 6-5　可见光缺陷图像命名及归档规则示例

同时在缺陷照片路径下保存没有红框标注的原始图像，示例：500kV 聊韶Ⅱ线#124塔-上相挂点缺销钉-DSG-0001-原始图像.JPG。

通道巡视视频文件保存参照可见光图像归档规则。将巡视视频文件保存于对应线路“××公司××kV××线无人机巡视资料”第一层文件夹下，采用“电压等级-线路名-起止杆塔号-拍摄日期-作业员姓名”对视频文件进行命名，示例：500kV 聊韶Ⅱ线#100-#120塔-20200215-作业员姓名.MP4。

审核视频内容，对发现有缺陷或隐患的视频帧进行截图，对应杆塔编号和日期，参照可见光缺陷图像归档，保存视频中的原始图像截图和带红框标注图像截图。

（2）红外巡检数据归档

参照可见光图像归档要求，将红外巡检数据在对应线路“××公司××kV××线无人机巡视资料”第一层文件夹下根据杆塔号、巡检时间进行分类分级文件夹存储。对不需要修改编辑的红外图像，另存为.jpg格式图像，无缺陷图像参照可见光图像归档要求，缺陷图像参照可见光缺陷归档要求进行归档。在对应文件夹内保存原始红外位图数据，通常为.is2等文件格式，可将红外图像、辐射测量温度数据、可见光图像、语音附注等数据都整合到原始文件中，便于在红外图像专用软件中进行分析和修改。

（3）激光雷达数据归档

参照可见光图像归档要求，将激光雷达数据在对应线路“××公司××kV××线无人机巡视资料”第一层文件夹下，根据起止杆塔号，在文件夹第二层参照“#××-#××-激光雷达数据-作业日期-作业员姓名”进行文件夹命名。在文件夹第三层，根据激光雷达数据成果资料类型，分为“激光点云数据、POS数据、数字高程模型DEM、数字正射影像DOM、线路三维模型、线路台账、交叉跨越报告、平断面图、安全距离检测分析报告、模拟工况分析报告”等文件夹，在对应文件夹内对该项资料进行命名并归档。

第三节 巡检报告要求

巡检报告内容主要包括无人机巡检概况、缺陷汇总以及缺陷明细三部分内容。其中无人机巡检概况主要包括巡视任务、电力设备名称、巡视区段、巡视负责人、飞机型号、巡视时间等信息；缺陷汇总主要包括缺陷分类分级、缺陷数量等信息；缺陷明细主要包括线路名称、杆塔号、巡视方式、缺陷等级、缺陷描述以及缺陷图片等信息。每条线路、每次作业提交一份报告，报告报送依据各单位规定实施，不做统一要求，通常应在巡视结束后7天内提交。发现危急（紧急）、严重（重大）缺陷，建议2h内汇报。

一、巡检线路作业概况描述

1. 巡检线路概况

线路名称区段、巡检塔数、线路起止点、地形地貌。

2. 作业概况

巡检类型、飞行架次（1次起降为1架次）、作业人员、作业机型、巡检时间及天气。

3. 数据处理概况

发现缺陷（故障点）总数、分析人员。

二、巡检线路缺陷隐患汇总

1. 缺陷分类统计

将可见光和红外巡检的缺陷数据按本体缺陷、附属设施缺陷、外部隐患，进行分类统计。

2. 缺陷分级汇总

分项列出危急（紧急）、严重（重大）、一般缺陷，并逐项进行缺陷描述，生成汇总表格。

3. 隐患汇总

将线路的外部隐患情况按危急（紧急）、严重（重大）、一般、其他分类列出统计，并逐项进行隐患描述，生成汇总表格。

三、缺陷明细附录

缺陷进行逐项记录，包括线路名称、杆塔号、巡检方式、缺陷等级、缺陷描述、缺陷图像等信息。

四、归档要求

根据巡检杆塔位置、巡检时间和数据类型分类分级存储。（例山东公司500kV邹川Ⅱ线无人机巡视资料，“Ⅱ”为罗马数字）巡检报告按照以下规范进行分级文件夹管理。

文件夹第一层：××公司××kV××线无人机巡视资料。

文件夹第二层：巡检报告。

文件夹第三层：#××-#××缺陷报告-巡视时间-作业员姓名。（#××-#××为起止杆塔号）。